Michaela Eckert

Die Wirkung von Antidepressiva auf neuronale und kardiale K2P-Kanäle

Michaela Eckert

Die Wirkung von Antidepressiva auf neuronale und kardiale K2P-Kanäle

Elektrophysiologische Untersuchungen

Südwestdeutscher Verlag für Hochschulschriften

Impressum/Imprint (nur für Deutschland/only for Germany)
Bibliografische Information der Deutschen Nationalbibliothek: Die Deutsche Nationalbibliothek verzeichnet diese Publikation in der Deutschen Nationalbibliografie; detaillierte bibliografische Daten sind im Internet über http://dnb.d-nb.de abrufbar.

Alle in diesem Buch genannten Marken und Produktnamen unterliegen warenzeichen-, marken- oder patentrechtlichem Schutz bzw. sind Warenzeichen oder eingetragene Warenzeichen der jeweiligen Inhaber. Die Wiedergabe von Marken, Produktnamen, Gebrauchsnamen, Handelsnamen, Warenbezeichnungen u.s.w. in diesem Werk berechtigt auch ohne besondere Kennzeichnung nicht zu der Annahme, dass solche Namen im Sinne der Warenzeichen- und Markenschutzgesetzgebung als frei zu betrachten wären und daher von jedermann benutzt werden dürften.

Coverbild: www.ingimage.com

Verlag: Südwestdeutscher Verlag für Hochschulschriften GmbH & Co. KG
Heinrich-Böcking-Str. 6-8, 66121 Saarbrücken, Deutschland
Telefon +49 681 37 20 271-1, Telefax +49 681 37 20 271-0
Email: info@svh-verlag.de

Zugl.: Würzburg, Julius-Maximilians-Universität, Diss., 2011

Herstellung in Deutschland:
Schaltungsdienst Lange o.H.G., Berlin
Books on Demand GmbH, Norderstedt
Reha GmbH, Saarbrücken
Amazon Distribution GmbH, Leipzig
ISBN: 978-3-8381-3042-2

Imprint (only for USA, GB)
Bibliographic information published by the Deutsche Nationalbibliothek: The Deutsche Nationalbibliothek lists this publication in the Deutsche Nationalbibliografie; detailed bibliographic data are available in the Internet at http://dnb.d-nb.de.

Any brand names and product names mentioned in this book are subject to trademark, brand or patent protection and are trademarks or registered trademarks of their respective holders. The use of brand names, product names, common names, trade names, product descriptions etc. even without a particular marking in this works is in no way to be construed to mean that such names may be regarded as unrestricted in respect of trademark and brand protection legislation and could thus be used by anyone.

Cover image: www.ingimage.com

Publisher: Südwestdeutscher Verlag für Hochschulschriften GmbH & Co. KG
Heinrich-Böcking-Str. 6-8, 66121 Saarbrücken, Germany
Phone +49 681 37 20 271-1, Fax +49 681 37 20 271-0
Email: info@svh-verlag.de

Printed in the U.S.A.
Printed in the U.K. by (see last page)
ISBN: 978-3-8381-3042-2

Copyright © 2011 by the author and Südwestdeutscher Verlag für Hochschulschriften GmbH & Co. KG and licensors
All rights reserved. Saarbrücken 2011

Inhaltsverzeichnis

1	**Einleitung**	5
1.1	**Depressionen**	5
1.1.1	Epidemiologie	5
1.2	**Antidepressiva**	8
1.2.1	Selektive Serotonin Wiederaufnahmehemmer	9
1.2.2	Tri- und Tetrazyklische Antidepressiva	10
1.2.3	Antidepressiva mit dualem bzw. spezifischen Wirkprinzip	10
1.2.4	Antidepressiva-Kombinationen	11
1.2.5	Kombinationen von Antidepressiva und Benzodiazepinen	11
1.2.6	Genetische Variabilität und Wirksamkeit von Antidepressiva	11
1.2.7	Therapeutisches Drugmonitoring (TDM)	13
1.2.8	Molekulare Targets für Antidepressiva	13
1.3	**Klassifizierung und Funktionen von Kaliumkanälen**	15
1.4	**Eigenschaften der 2-P-Domänen Kaliumkanäle (K_{2P})**	17
1.5	**Eigenschaften der K_{2P}-Kanäle TREK-1, TASK-1, THIK-1**	18
1.5.1	Proteinstruktur	18
1.5.2	Gewebeverteilung der K_{2P}-Kanäle	19
1.5.3	Biophysikalische Eigenschaften	21
1.5.4	Funktionale Rolle	21
1.5.5	Pharmakologische Eigenschaften	22
2	**Zielsetzung**	24
3	Material und Methoden	26
3.1	**Materialien**	26
3.1.1	Chemikalien	26
3.1.2	Verbrauchsmaterialien	26
3.1.3	Verwendete Geräte und Apparaturen	26
3.1.4	Rezepte für Nährmedien, Puffer und Gele	26

Inhaltsverzeichnis

3.1.5	Antidepressiva	27
3.1.6	Strukturformeln	27
3.1.7	Reagenziensets (Kits)	28
3.1.8	Biologische Materialien	28
3.1.9	Molekularbiologische Materialien	28
3.1.10	Software	31
3.1.11	Datenverarbeitung	31
3.1.11.1	Statistik	31
3.1.11.2	Ermittlung der Konzentrations-Wirkungs-Beziehung	31
3.1.11.3	Graphische Darstellung	32
3.2	**Methoden**	**33**
3.2.1	Molekularbiologische Methoden-Herstellung der TREK-Konstrukte	33
3.2.1.1	Polymerasekettenreaktion (PCR)	33
3.2.1.2	Zielgerichtete Mutagenese	34
3.2.1.3	Gelelektrophoretische Auftrennung von DNA	35
3.2.1.4	Isolierung von DNA-Fragmenten aus Agarosegelen	36
3.2.1.5	Restriktion der DNA-Fragmente	36
3.2.1.6	Ligation – Zusammenfügen von geschnittenen DNA-Fragmenten	37
3.2.1.7	Präparation von Plasmid-DNA aus 4 ml Bakterienkulturen	37
3.2.1.8	Sequenzierung von DNA	38
3.2.1.9	Präparation von Plasmid-DNA aus 50 ml Bakterienkulturen	39
3.2.1.10	RNA-Synthese durch in vitro Transkription	39
3.2.1.11	RNA-Aufreinigung und Quantifizierung	40
3.2.2	Proteinbiochemische Methoden	41
3.2.2.1	Präparation der Membranfraktion von Xenopus laevis Oozyten	41
3.2.2.2	Präparation der Membranfraktion von HEK 293 Zellen	41
3.2.2.3	Bestimmung der Proteinkonzentration	42
3.2.2.4	Diskontinuierliche SDS-Polyacrylamid-Gelelektrophorese (SDS-PAGE)	42
3.2.2.5	Western-Immunoblot	43

3.2.2.6	Nachweis von Protein auf PVDF-Membranen mittels ECL-Reagenz	44
3.2.3	Elektrophysiologie	44
3.2.3.1	Xenopus laevis als heterologes Expressionssystem	44
3.2.3.2	Zwei-Elektroden-Spannungsklemme (TEVC)	45
3.2.3.3	Aufbau des Messplatzes	46
3.2.3.4	Spannungsprotokolle der Pulsmessungen	46
3.2.4	HEK-293 Zellen als heterologes Expressionssystem	47
3.2.4.1	Die Patch-Clamp Technik (whole-cell)	48
4	**Ergebnisse**	**52**
4.1	**Antidepressiva blockieren K_{2P}-Kanäle**	**52**
4.1.1	Inhibition des TASK-1 Kanals	52
4.1.2	Inhibition des THIK-1 Kanals	54
4.1.3	Inhibition des TREK-1 Kanals	54
4.1.4	Koapplikations-Studien	58
4.1.5	Kombination von Antidepressiva mit Benzodiazepinen	59
4.1.6	Rolle von TREK-1 bei der Schmerzwahrnehmung	59
4.1.7	Messung mit klinisch wirksamen Dosen	60
4.2	**Charakterisierung der Interaktionsstelle**	**63**
4.2.1	Alternative Translation Initiation	65
4.2.2	Generierung und Western Blot Nachweis des humanen TREK-1 Kanals	65
4.2.3	Mutagenese der kurzen und langen TREK-1 Isoform	66
4.2.4	Charakterisierung der TREK-1 Isoformen	67
4.2.5	Sensitivitätsprüfung nach Fluoxetin Applikation	69
4.2.6	Stöchiometrie der Kanaluntereinheiten	70
4.3	**Fluoxetin inhibiert TREK-1 und TASK-1 in nativen Herzzellen**	**71**
4.3.1	Nachweis von TREK-1 [ΔN52] in Kardiomyozyten der Maus	71
5	**Diskussion**	**74**
5.1	**Zielproteine von Antidepressiva**	**74**

5.2	**TREK-1**	76
5.3	**Therapeutische Aspekte der Antidepressiva**	83
6	**Zusammenfassungen**	89
6.1	**Zusammenfassung**	89
6.2	**Summary**	90
7	**Literaturverzeichnis**	91
8	**Abbildungsverzeichnis**	105
9	**Abkürzungsverzeichnis**	107
10	**Tabellenverzeichnis**	109
11	**Anhang**	111

1 Einleitung

1.1 Depressionen

Depression ist eine weit verbreitete Volkskrankheit. Fast jeder 10. Deutsche erkrankt im Laufe seines Lebens ein- oder mehrmals an einer ernsthaften depressiven Episode. Rund 11000 Menschen nehmen sich in Deutschland pro Jahr das Leben, wobei ein hoher Anteil dieser Suizide im Kontext einer Depression steht und unter der Einnahme von Antidepressiva erfolgt (Lönnqvist, 2000).

Der Begriff „Depression" geht auf den lateinischen Begriff „deprimere" im Sinne von „herunterdrücken, unterdrücken" zurück. Das Zustandsbild ist dabei gekennzeichnet durch eine allgemeine und umfassende seelisch-körperliche Herabgestimmtheit (Wolfersdorf, 2000). Depressive Syndrome können im Rahmen unterschiedlicher Diagnosen auftreten, die gemäß der „International classification of diseases" (ICD-10) nach Verlaufscharakteristika und Schweregrad differenziert werden.

F31   Depressive Phase im Rahmen einer bipolaren Störung (manisch/depressiv)

F32   Depressive Phase, monophasisch (unipolare Depression)

F33   Rezividierende depressive Phase (unipolare Depression)

F34   Dysthymie: Milde (nicht rezidivierende), im jungen Erwachsenenalter beginnende, über mindestens 2 Jahre anhaltende depressive Verstimmung

Für die medikamentöse Behandlung ist die Unterscheidung zwischen unipolar (nur depressive Phasen, ICD-10: F.32, F.33, F.34) oder bipolar (manische und depressive Phasen, ICD-10:F.31) wichtig, wobei erstere die häufigste Form der Erkrankung ist.

1.1.1 Epidemiologie

Depressionen gehören zu den häufigsten psychischen Erkrankungen. Die Bedeutung depressiver Erkrankungen wurde durch eine WHO (World-Health-Organisation)-Studie (Murray & Lopez, 1997) mit großer Deutlichkeit belegt, wonach der unipolaren Depression in entwickelten Ländern die größte medizinische Bedeutung zu kommt, gemessen an der Schwere der Beeinträchtigung und der Erkrankungsdauer.

Exakte Zahlen zur Häufigkeit von Depressionen hängen von Stichproben- und Diagnosekriterien ab. Basierend auf standardisierten Messinstrumenten sind in den letzten Jahren relativ zuverlässige Prävalenz- und Inzidenzraten in verschiedenen Kulturkreisen und Ländern erhoben worden.

Epidemiologische Studien in mehreren Ländern haben gezeigt, dass die Wahrscheinlichkeit, im Laufe des Lebens (Lebenszeitprävalenz) eine Depression zu

1 Einleitung

erleiden, bei 3-20 % liegt (Robins & Regier, 1991; Klingelhöfer & Sprange, 2001), wobei für Deutschland Zahlen zwischen 9% und 17% angegeben werden. Etwa die Hälfte der Betroffenen leidet an einer Depression, die zwar gering ausgeprägt, jedoch immer noch klinisch relevant ist (Kasper, 1994). Insgesamt nehmen etwa 15 % der depressiven Erkrankungen einen chronischen Verlauf. Personen jeden Alters sind von Depressionen betroffen, mit einer besonders hohen Häufigkeit jedoch in der Dekade zwischen

30. bis 40. Lebensjahr. Die Wahrscheinlichkeit, im Alter über 65 noch an einer Depression zu erkranken, wird mit 15-25% angegeben (Kanowski, 1994).

Die Klärung der Frage, wann und wodurch die Grenze zwischen normalen Befindlichkeitsstörungen und klinisch auffälligen Symptomen überschritten wird, ist Gegenstand fortlaufender Untersuchungen zu depressiven Störungen. Erklärungsansätze lassen sich vereinfacht in biologische und psychologische Modelle gliedern.

Der berühmteste Beitrag der Psychoanalyse zur Theorie der Depression stammt unzweifelhaft von Freud, der in seinem Buch „Trauer und Melancholie" (1917) schon frühzeitig die wesentlichen psychodynamischen Zusammenhänge der Depression zusammenfasste:

> „Durch den Einfluss einer realen Kränkung oder Enttäuschung vonseiten der geliebten Person trat eine Erschöpfung dieser Objektbeziehung ein[…]-Die Objektbesetzung erwies sich als wenig resistent, sie wurde aufgehoben, aber die freie Libido nicht auf ein anderes Objekt verschoben, sondern **in sich** zurückgezogen[….]Der Schatten des Objekts fiel so auf das **Ich**, welches nun von einer besonderen Instanz wie ein Objekt, wie das verlassene Objekt, **beurteilt** werden konnte. Auf diese Weise hatte sich der Objektverlust in einen **Ich-Verlust** verwandelt, der Konflikt zwischen dem Ich und der geliebten Person in einen Zwiespalt zwischen der Ich-Kritik und dem durch Identifizierung verändertem Ich." (1917, S.435)

Am Beispiel der Trauer beschrieb Freud die Voraussetzungen der melancholischen Hemmungen, die dazu beitragen, dass die zunächst adäquate Reaktion des trauernden „ICH" unter bestimmten Umständen in einen pathologischen Prozess einmündet, in dessen Verlauf sich das Ich entleert und den Bezug zur Realität verliert (Böker, 2006).

Bei neueren psychologischen Modellen wird häufig angenommen, dass Lebensereignisse als auslösende Faktoren eine depressive Episode anstoßen können.

Hinsichtlich dessen sind neben aversiven Lebensereignissen, wie z.B. der Verlust eines Lebenspartners, vor allem chronische Lebensschwierigkeiten und ungünstige soziale Lebensbedingungen, speziell die Zugehörigkeit zu sozial benachteiligten Bevölkerungsgruppen, als Auslöser bestätigt worden (Paykel et al., 1996). Eine weitere Untersuchung kommt zu dem Ergebnis, dass Persönlichkeitsfaktoren einen unspezifischen Vulnerabilitätseffekt besitzen. Hier sind ein Hang zur interpersonellen Dependenz sowie Perfektionismus und Neurotizismus als zentrales Erklärungskonzept genannt worden (Hirschfeld et al., 1997). Zahlreiche Studien zeigen darüber hinaus, dass fehlende positive Verstärkung depressionsauslösend wirken kann (Lewinsohn, 1974; Lewinsohn et al., 1985). Dabei wird die Depression als funktionales Verhalten gesehen, das kurzfristig eine soziale Zuwendung ermöglicht. Langfristig wird das depressive Verhalten von den Mitmenschen jedoch aversiv erlebt und führt zu einer feindseligen, vorwurfsvollen Haltung und damit zu einem chronischen Verstärkerentzug. Hierbei ereignet sich weder ein angenehmes noch ein unangenehmes Ereignis auf das gezeigte Verhalten.

Durch Familien, Zwillings-und Adoptionsstudien konnte für unipolare und bipolare affektive Depressionen eine genetische Disposition belegt werden. So zeigt sich bei Verwandten ersten Grades eine familiäre Häufung dieser Erkrankungen. Bei unipolaren Depressionen beträgt das Erkrankungsrisiko der Kinder bei einem kranken Elternteil 10%. Das Vorhandensein eines einzelnen Hauptgens kann inzwischen ausgeschlossen werden. Diskutiert werden weiter Dysfunktionen im Bereich der zentralen neuromodulatorischen Systeme, insbesondere des serotonergen und noradrenergen Systems. Hierbei wird angenommen, dass bei Depressiven eine erniedrigte Konzentration des Neurotransmitters Serotonin (5-HT) vorliegt. Ferner wird davon ausgegangen, dass das Gleichgewicht des adrenergen (Noradrenalin) und des cholinergen (Acetylcholin) Neurotransmittersystems zugunsten des cholinergen Einflusses verschoben ist.

Eine veränderte Neurotransmitteraktivität als Ursache von Depression wird seit Langem diskutiert. Der genaue biologische Wirkmechanismus ist hingegen weiterhin umstritten und Gegenstand intensiver Forschung.

Weitere Erklärungsversuche fokussieren neuroendokrinologische Störungen. Insbesondere die Hypothalamus-Hypophysen-Nebennierenrinden-Achse (HHN) und die Hypothalamus-Hypophysen-Schilddrüsen-Achse (HHS) spielen hier eine wichtige Rolle (Holsboer, 2001). Bei depressiven Patienten kommt es zu Veränderungen in Regulations- und Gegenregulationsvorgängen, wobei Stress, Biorhythmus sowie Außentemperatur die wesentlichen Einflussfaktoren auf diese Systeme sind. In neueren mehrfaktoriellen Modellen werden verschiedene Erklärungsansätze zusammengeführt (Kanfer et al., 1996). Diese Ansätze billigen genetischen und neuromodulatorischen Prozessen, innerpsychischen Mechanismen, verändertem Erleben nach aversiven Erfahrungen sowie protektiven Faktoren (wie z.b. soziale Unterstützung), neben kognitiven, interaktionellen und behavioralen Faktoren eine wichtige Funktion zu. Es ist anzunehmen, dass diese verschiedenen Faktoren sich gegenseitig beeinflussen, gegenseitig voneinander abhängen und damit nicht voneinander zu trennen sind.

1.2 Antidepressiva

Neben Alkohol sind Opium, Haschisch und Marihuana die seit alters her am weitesten verbreiteten Drogen mit psychotroper Wirkung. Weiterhin waren Kokain sowie die seit dem Mittelalter erwähnte Rauwolfia schon früh als Psychopharmaka bekannt. Die Behandlung psychischer Erkrankungen wurde im 19.Jahrhundert vorwiegend durch sedierend wirkende Substanzen, z.B. Opium oder Belladonna, durchgeführt (Kasper et al., 1997).

Obwohl mit Kraepelin die Geschichte der modernen Psychopharmakologie bereits Anfang des 21. Jahrhunderts begann, wurden bahnbrechende Entdeckungen erst zwischen 1949 und 1957 gemacht. Erstmals wurden Lithium 1949 als Antimanikum von Cade, Chlorpromazin 1952 von Delay und Deniker als Antipsychotikum, Meprobamat 1954 als Anxiolytikum von Berger sowie Imipramin 1957 als Antidepressivum von Kuhn eingesetzt und in ihrer Wirkung beschrieben.

Seit der Einführung der trizyklischen und tetrazyklischen Antidepressiva (TZA), die ihre Bezeichnung aufgrund ihrer chemischen Struktur erhalten haben, und der Hemmer der Monaminoxidase (MAO-Hemmer) vergingen etwa 25 Jahre, bevor Medikamente mit einem entscheidend neuen Wirkmechanismus auf den Markt kamen.

Die Einführung der selektiven Serotonin-Wiederaufnahmehemmer (SSRI: selective serotonin reuptake inhibitors) bedeutete eine große Errungenschaft, da erstmals bei gleicher antidepressiver Effektivität eine nebenwirkungsarme bis nebenwirkungsfreie Therapie zur Verfügung stand. Reversible und selektive Hemmer der Monoaminoxidase A (RIMA) stellten die nebenwirkungsarme Fortentwicklung der MAO-Hemmer dar.

Im letzten Jahrzehnt sind darüber hinaus noch Medikamente auf den Markt gekommen, die einen dualen Wirkmechanismus („DUAL") auf das serotonerge und

1 Einleitung

adrenerge System aufweisen (SNRI sowie NaSSA) und im Vergleich zu den Trizyklika cholinerge, histaminerge und adrenolytische Wirkmechanismen, die bisher vorwiegend für die Nebenwirkungen verantwortlich gemacht werden, zum Teil unbeeinflusst lassen. Nach dem Wirkmechanismus bzw. der chemischen Struktur lassen sich die Antidepressiva in folgende Gruppen untergliedern (siehe auch 3.1.5):

- Selektive Serotonin-Wiederaufnahmehemmer, z.B. Citalopram, Fluoxetin, Fluvoxamin, Paroxetin
  Reversible selektive Hemmer der Monaminoxidase A (RIMA), z.B. Moclobemid
- Selektive Serotonin-und Norepinephrin Wiederaufnahmehemmer (dualer Wirkmechanismus), z.B. Mirtazapin, Venlafaxin, Nefazodon
- Trizyklische Antidepressiva, z.B. Amitryptilin, Doxepin, Imipramin
- Tetrazyklische Antidepressiva, z.B. Maprotilin, Mianserin
- MAO-Hemmer, z.B. Tranylcypromin

1.2.1 Selektive Serotonin Wiederaufnahmehemmer

Die selektiven Serotonin-Wiederaufnahmehemmer haben neben den zunehmend genutzten dualen und selektiv noradrenergen Wiederaufnahmehemmern die herkömmlichen Antidepressiva (wie TZA) als Mittel der ersten Wahl zur Behandlung der Depression verdrängt. Der Arzneimittelverordnungsreport 2002 für Deutschland zeigte einen Anteil der SSRI von 22% bei einem Umsatzanteil von 33% aller Antidepressivaverordnungen (Schwabe & Paffrath, 2003).

SSRI hemmen selektiv den präsynaptischen Serotoninrücktransport an zentralen serotonergen Neuronen. Dadurch steigt nach einem Zeitraum von etwa 14 Tagen die Serotoninkonzentration im synaptischen Spalt an, sodass die serotonerge Neurotransmission stimuliert wird (Fuller & Wong, 1987). Dies führt dann unter anderem zu einem stimmungsaufhellendem Effekt. Hauptindikation für SSRI ist daher die antidepressive Therapie; andere Indikationen sind Angst-, Zwangs-, und Ess-Störungen, Störungen der Impulskontrolle und das prämenstruelle Syndrom. Ähnlich wie bei den meisten klassischen antidepressiven Wirkstoffen (TZA, MAO-Hemmer) wird angenommen, dass in Bezug auf die antidepressive Wirksamkeit zwischen den einzelnen Substanzen der Stoffgruppe der SSRI keine wesentlichen Unterschiede bestehen (Rickels & Schweizer, 1990, Lane et al., 1995). Gegenwärtig sind auf dem deutschen Markt die SSRI Citalopram, Escitalopram, Fluoxetin, Fluvoxamin, Paroxetin und Sertralin verfügbar.

Ob bei SSRIs eine Dosis-Wirkungsbeziehung besteht, ist unklar. Einzelne Befunde weisen jedoch darauf hin, dass es eine Wirkungsverstärkung bei Hochdosistherapie gibt (Altamura et al., 1988, Fava et al., 1994). Sicher ist, dass die Häufigkeit von

Nebenwirkungen mit der Dosis der SSRI steigt, wobei relativ häufig Übelkeit, Erbrechen und Unruhe, seltener extrapyramidalmotorische Störungen auftreten (Bauer et al., 1996). Zudem konnten Studien zeigen, dass die Suizidrate unter Einnahme von SSRI im Vergleich zu Placebo um den Faktor 2,4 erhöht war (Beasley et al., 1991, Lopez-Ibor, 1993, Montgomery et al., 1995).

1.2.2 Tri- und Tetrazyklische Antidepressiva

Seit Kuhn im Jahre 1957 entdeckte, dass das trizyklische Imipramin eine antidepressive Wirkung entfaltet, wurden über 20 weitere Antidepressiva entwickelt, die sich in ihrer chemischen Struktur an Imipramin anlehnen. Der Vorteil bei der Behandlung mit tri-und tetrazyklischen Antidepressiva liegt darin, dass sie seit vielen Jahren eingesetzt werden und ihre Wirksamkeit nachgewiesen ist. Nachteilig sind die schwerwiegenden Nebenwirkungen wie beispielsweise Kardiotoxizität, die besonders bei Überdosierung gefährlich sind. Trizyklische Antidepressiva werden aufgrund ihrer Nebenwirkungen seltener verschrieben als SSRI. Es gibt jedoch Hinweise darauf, dass TZA bei Patienten mit schweren Depressionen geringfügig wirksamer sind als SSRI (Geddes et al., 2004).

1.2.3 Antidepressiva mit dualem bzw. spezifischen Wirkprinzip

Venlafaxin ist ein selektiver Serotonin-Noradrenalin-Reuptake-Inhibitor (SNRI; duales Wirkprinzip) mit Schwerpunkt auf dem serotonergen System. Das Antidepressivum besitzt wenig bis keine Affinität zu anderen Rezeptorsystemen und zeigte in klinischen Prüfungen eine deutliche Überlegenheit gegenüber den Plazebobedingungen (Kasper et al., 1997). In Vergleichsstudien gegenüber Fluoxetin ergaben sich keine Unterschiede in der antidepressiven Wirksamkeit und Verträglichkeit. Das Gesamtprofil der Nebenwirkungen unterscheidet sich jedoch gegenüber der übrigen selektiven Serotonin-Wiederaufnahmehemmer.

Mirtazapin besitzt einen spezifischen Wirkungsmechanismus, der aber letztlich zu ähnlichen pharmakologischen Effekten wie Venlafaxin führt. Mirtazapin bindet spezifisch an α-2-auto- und hetero-adreno-Rezeptoren, was danach zu einer vermehrten Noradrenalin- und Serotoninausschüttung führt. Wegen eines gleichzeitigen 5-HT2 und 5-HT3 Rezeptorantagonismus wird die Wirkung des Serotonins vorwiegend auf den 5-HT1-Rezeptor ausgeübt. Mirtazapin hat nur eine geringe bzw. sehr geringe Affinität zu α1-Adrenorezeptoren und zu cholinergen Rezeptoren. Die Substanz wird daher als noradrenerges und spezifisch serotonerges Antidepressivum (NaSSA) klassifiziert. Die antidepressive Wirksamkeit ist in klinischen Prüfungen gegenüber Placebo signifikant belegt worden. Hinsichtlich anderer Antidepressiva wie Amitriptylin und Doxepin zeigte sich kein Wirksamkeitsunterschied, jedoch ein besseres Verträglichkeitsprofil. (Van der Mey et al., 2006, Schüle, 2007)

1.2.4 Antidepressiva-Kombinationen

Eine Indikation für Kombinationen von Antidepressiva besteht erst bei Nichtansprechen auf eine hinsichtlich Dosis und Dauer ausreichend durchgeführte Antidepressivamonotherapie. Klinisch sinnvoll sind Kombinationen von Antidepressiva mit unterschiedlichem Wirkprofil, so z.B. das Hinzufügen eines SSRI wie Fluoxetin oder Citalopram zu einem TZA wie Maprotilin oder Amitriptylin. Positive Ergebnisse dieser Kombination bei der Behandlung therapieresistenter depressiver Patienten berichten Weilburg und Mitarbeiter (1991).

1.2.5 Kombinationen von Antidepressiva und Benzodiazepinen

Benzodiazepine sind angstlösende, zentral muskelrelaxierende, sedierend und hypnotisch wirkende Arzneistoffe, die bei der Behandlung depressiver Erkrankungen vor allem im ambulanten Bereich sehr häufig eingesetzt werden - sei es als Monotherapie oder in Kombination mit Antidepressiva. Der Vorteil einer solchen Kombinationsbehandlung liegt vor allem im schnellen Wirkungseintritt, wie in verschiedenen Studien gezeigt werden konnte (Birkenjäger et al 1995). Insbesondere Symptome wie Angst, Unruhe und Schlafstörungen werden durch die zusätzliche Gabe von Benzodiazepinen frühzeitig positiv beeinflusst.

1.2.6 Genetische Variabilität und Wirksamkeit von Antidepressiva

Genetische Variabilität zwischen Individuen führt zu beträchtlichen Unterschieden im Metabolismus und der Wirksamkeit von Antidepressiva. Die Pharmakokinetik beschreibt die Gesamtheit aller Prozesse, denen ein Arzneistoff im Körper unterliegt. Dazu gehören die Aufnahme des Arzneistoffes (Absorption), die Verteilung im Körper (Distribution), der biochemische Um- und Abbau (Metabolisierung) sowie die Ausscheidung (Exkretion).

Pharmakodynamik ist die Lehre der Wirkung von Arzneistoffen. Sie behandelt die Dosis-Wirkungs-Beziehung und den Wirkmechanismus wie die Wechselwirkung mit Rezeptoren, Ionenkanälen und die Beeinflussung der Enzymaktivität von Arzneistoffen (Abbildung 1).

Pharmakogenetische Varianten in Enzymen des Arzneistoffmetabolismus führen zu Unterschieden in der Pharmakokinetik, also zu Unterschieden in den

Konzentrationen von Arzneistoffen und deren Metaboliten im Blut und in den Zielgeweben. Genetische Variabilität in den Zielstrukturen der Arzneimittelwirkung wie Rezeptoren, Ionenkanälen oder Molekülen der Signaltransduktion können die Wirkung und Tolerabilität von Arzneimitteln beeinflussen. Die Pharmakokinetik von Arzneimitteln und der Einfluss genetischer Variabilität wird durch pharmakogenetische Kenngrößen, wie Plasma-konzentrationen, Clearance, Verteilungsvolumen, Eliminationshalbwertszeit und Fläche unter der Konzentrationszeitkurve beschrieben (Bauer et al., 2005). Pharmakogenetische Diagnostik wird es in Zukunft erlauben, individuelle Genotypen und Genprofile zu bestimmen und in die Therapie mit einzubeziehen.

Im Bereich der Antidepressivatherapie sind bisher insbesondere genetische Varianten im Serotoninsystem (Transporter- und Rezeptorvarianten) und in dopaminergen und noradrenergen Strukturen in Hinblick auf ihre Auswirkung auf die „Therapieresponse" untersucht worden. Serotonin-(5-HT) Rezeptorgene sind z.B. Kandidaten für die Prädiktion der Antwort auf Antidepressiva. Zwei Polymorphismen im Serotoninrezeptorgen 5-HT_{2A} sind bisher untersucht worden. Hierbei handelt es sich um einen stummen Basenaustausch 102>TC in der kodierenden Region und einen Polymorphismus im Promotorbereich -1438G>A, die gekoppelt vererbt werden. Patienten, die Träger eines oder zweier C-Allele sind, haben einen besseren Therapieerfolg als homozygote Träger der T-Variante des 102T>C-Polymorphismus (Minov et al., 2001, Kriegebaum et al., 2010).

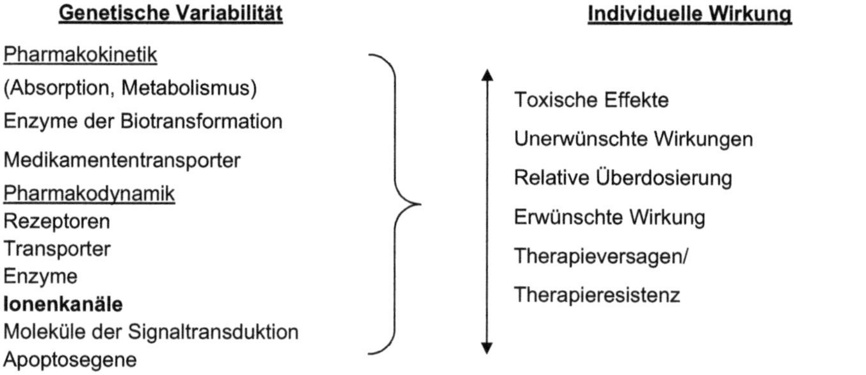

Genetische Variabilität	Individuelle Wirkung
Pharmakokinetik (Absorption, Metabolismus) Enzyme der Biotransformation Medikamententransporter Pharmakodynamik Rezeptoren Transporter Enzyme **Ionenkanäle** Moleküle der Signaltransduktion Apoptosegene	Toxische Effekte Unerwünschte Wirkungen Relative Überdosierung Erwünschte Wirkung Therapieversagen/ Therapieresistenz

Abbildung 1: Genetische Variabilität von pharmakokinetischen und pharmakodynamischen Mechanismen als Ursache für Variabilität in der Arzneimittelwirkung (modifiziert nach Bauer et al., 2005).

1.2.7 Therapeutisches Drugmonitoring (TDM)

Thearpeutisches Drugmonitoring ist eine Maßnahme, die zur Kontrolle der Konzentration eines Pharmakons im Blut eingesetzt wird. Ziel dieser Methode ist es, den Medikamentenspiegel im Blut auf den optimalen Bereich, das therapeutische Fenster, einzustellen, bei dem mit höchster Wahrscheinlichkeit mit einem Ansprechen auf das Medikament zu rechnen ist (Tabelle 1).

Als Voraussetzung muss eine Beziehung zwischen den Arzneimittelkonzentrationen im Blut und dem pharmakologischen Effekt bestehen, wofür es für eine Reihe von Antidepressiva eine hinreichende Evidenz (Perry et al., 1994) gibt. Des Weiteren soll TDM die Arzneimittelsicherheit erhöhen. Dies gilt im Fall der Antidepressiva vor allem für die Gruppe TZA, die ein verhältnismäßig enges therapeutisches Spektrum aufweisen. Hier sind schon bei Konzentrationen, die unter dem Wirkungsbereich für einen therapeutische Effekt liegen, Nebenwirkungen zu beobachten (Preskorn & Fast, 1991).

Ein Überschreiten der therapeutisch günstigen Serumkonzentration kann bei Patienten zu erheblichen Einschränkungen bis hin zu lebensbedrohlichen Symptomen (z.B. kardiale Arrhythmien) führen.

Tabelle 1: Blutspiegel von Antidepressiva, die nach derzeitigem Stand des Wissens für die Therapieoptimierung als Zielspiegel (therapeutisches Fenster) eingestellt werden sollten. Angegeben sind Konzentrationen im Blutserum bzw. –plasma, die im Steady State unter Dosen eingestellt werden und bei denen ein Therapieansprechen zu erwarten ist (nach Hiemke & Laux, 2002; Baumann et al., 2004).

Antidepressiva	Zielspiegel [ng/ml]	Konzentration[nmol/l]
Citalopram	30-130	92-401
Doxepin	50-150	179-537
Fluoxetin	120-300	323-1293
Maprotilin	125-200	451-721
Mirtazapin	30-80	151-301
Venlafaxin	200-400	721-1442

1.2.8 Molekulare Targets für Antidepressiva

Antidepressiva wurden wie viele andere Medikamente nicht mit der Absicht der antidepressiven Wirkung entwickelt, sondern als zufällige Nebenwirkung bei der

Entwicklung anderer Therapeuthika entdeckt. Trizyklische Substanzen wurden ursprünglich als antihistaminerge Wirkstoffe genutzt.

Monoaminoxidase (MAO) Hemmer waren Antibiotika gegen den Tuberkulose Erreger, die gleichzeitig depressive Symptome linderten. Der Einfluss auf das monoaminerge System könnte durch verschiedene Mechanismen hervorgerufen werden wie die verminderte Synthese der Neurotransmitter, die veränderte Expression der Neurotransmitter Rezeptoren und/oder die Verminderung des Signaltransduktions-Systems, welches durch postsynaptische Neurotransmitter Rezeptoren aktiviert wird.

Die Entdeckung der molekularen Targets von Antidepressiva der ersten Generation führte zur Entwicklung von Medikamenten der zweiten und dritten Generation, die SSRI und SNRI. Klinisch gesehen sollten diese Antidepressiva die gleiche Wirkung, jedoch mit weniger Nebenwirkungen hervorrufen. Sie wirkten durch die Steigerung der Monoamine im synaptischen Spalt, indem sie entweder die Wiederaufnahme blockierten während sie das präsynaptische Transportersystem beeinflussten oder die Degradation der Neurotransmitter inhibierten. Viele präklinische und klinische Studien konnten zeigen, dass beim Effekt von Antidepressiva sowohl das Serotonin (5-HT) als auch das Norepinephrin (NE) System involviert sind (Mann, 1999). Außerdem wird davon ausgegangen, dass mehrere Isoformen der 5-HT-Rezeptoren (darunter $5HT_{1A}$, $5HT_{1B}$) in der Pathophysiologie von Depression involviert sind (Pauwels et al., 2000). Diese monoaminerge Theorie, auf der die Behandlung grundsätzlich seit mehr als 50 Jahren aufgebaut ist, kann leider nur einige Komponenten der Krankheit erklären und wurde zu keinem deutlichen Meilenstein für die Aufklärung der Pathogenese (Urani et al. 2005). Das monaminerge Konzept liefert weder eine Erklärung dafür, warum eine große Anzahl von Patienten nicht auf Antidepressiva reagieren, noch warum die therapeutische Antwort auf die Medikamente so lange dauert.

Vermutlich führt obige Theorie nur zu einer langsamen Veränderung der synaptischen Plastizität. Deshalb hat man sich danach auf eine Hypothese gestützt, welche „second messenger"-Wege als Grundlage für Langzeitveränderungen der genetischen Expression hervorhebt. Diese repräsentieren das molekulare Korrelat plastischer Veränderungen, welche der Therapie und Pathogenese von Depressionen zugrunde liegen. Ein wichtiges „second-messenger-System", das durch Antidepressiva Therapie aktiviert wird, ist der „cyclic adenosine monophosphate (cAMP) pathway" (Vaidya & Duman, 2001). Die Bildung von cAMP aktiviert die cAMP-abhängige Protein Kinase (PKA), die wiederum über Phosphorylierung zur Aktivierung des „transcription factor cAMP response element binding protein" (CREB) führt. Ein aktiviertes CREB steigert die Transkription vieler Zielgene, einschließlich dem „brain derived neurotrophic factor" BDNF. Klinische Untersuchungen bestätigten hier auch die Hypothese, dass ein Mangel an BDNF zur Pathophysiologie von Depressionen führt (Duman et al., 1997; Altar, 1999, Tsai et al. 2008).

Parallel zu diesen Hypothesen gab es vor mehr als zehn Jahren die ersten Publikationen, die Interaktionen zwischen Antidepressiva und Ionenkanälen wie den spannungsgesteuerten Ca^{2+}-, Na^+- und K^+- Kanälen (Deak et al., 2000, Choy et al., 1999, Pancrazio et al., 1998) nachgewiesen haben. Auch die hERG sowie GIRK-Kanäle bieten durch ihre kardiale Expression potentielle Targets für Antidepressiva, wie in aktuellen Arbeiten beschrieben wird (Hong et al., 2010, Kobayashi et al., 2010). Neben der kardialen macht vor allem die neuronale Expression Ionenkanäle zu Zielproteinen für Antidepressiva. So wurde 2005 von Kennard et al. mit TREK-1 zum ersten Mal die mögliche Rolle eines so gennanten K_{2P}-Kanals, dessen Eigenschaften im Folgenden näher betrachtet werden, bei Krankheitsbild Depression erwähnt.

1.3 Klassifizierung und Funktionen von Kaliumkanälen

Kaliumkanäle stellen im menschlichen Genom die größte Gruppe von Ionenkanalgenen dar. Derzeit existieren zwei verschiedene Klassifikationssysteme für Gene, die für die porenformende α-Untereinheit (α-UE), welche eine von zwei Kaliumkanaluntereinheiten ist, kodieren: die Nomenklatur der „Human Genome Organisation" (HUGO) und die der „International Union of Pharmacology" (IUPHAR)(siehe Tabelle 2).

1 Einleitung

Tabelle 2: Nomenklatur der „Human Genome Organisation" (HUGO) und die der „International Union of Pharmacology" (IUPHAR). Tabelle nach Lotshaw et al. 2007

Unterfamilie	Bezeichnung	Gen (HUGO)	Protein (IUPHAR)
TREK $\underline{T}$WIK $\underline{R}$elated $\underline{K}^+$channel	TREK-1	KCNK2	K2p2.1
TASK $\underline{T}$WIK-related $\underline{A}$cid $\underline{S}$ensitive K^+channel	TASK-1	KCNK3	K2p3.1
THIK $\underline{T}$andem-pore domain $\underline{H}$alothane $\underline{I}$nhibited $\underline{K}^+$-channel	THIK-1	KCNK13	K2p13.1

Bislang wurden 78 Gene beschrieben, welche für α-UE von Kaliumkanälen codieren. Diese Untereinheiten besitzen eine gemeinsame, konservierte Aminosäuresequenz, welche für die Bildung des Selektivitätsfilters, ein Bereich im Protein, der selektiv nur Kalium durch die Pore lässt, wichtig ist.

Weiterhin sind bis heute 13 Gene identifiziert worden, die für akzessorischen β-Untereinheiten (β-UE) kodieren. Diese β-UE assoziieren mit bestimmten α-UE und ermöglichen die Bildung eines funktionsfähigen Kanals oder modifizieren seine Eigenschaften. Basierend auf Übereinstimmungen in der Aminosäuresequenz und den biophysikalischen Eigenschaften lassen sich die Gene der porenformenden α-UE in drei große Familien einteilen:

- Spannungsabhängige (K_v) und Ca^{2+}-aktivierte (KCa) Kaliumkanäle :
  6 oder 7 **Trans**membrandomänen und einer **p**orenbildenden Schleife (6/7TM-1P):
- Einwärtsgleichrichtende Kaliumkanäle (**I**nwardly **r**ectifying K^+ channels, **IR**K), G-Protein gekoppelte (GIRK) und ATP-sensitive (K_{ATP}) Kaliumkanäle: 2 **Trans**membrandomänen und einer **p**orenbildenden Schleife (2TM-1P):
- 2-P-Domänen Kaliumkanäle (K_{2P}) : 4 **Trans**membrandomänen und zwei **p**orenbildenden Schleifen (4TM-2P):

Praktisch alle lebenden Zellen exprimieren Kaliumkanäle, was die enorme Bedeutung dieser Proteine für biologische Systeme deutlich macht. Die Kanäle unterscheiden sich zum Teil erheblich in Ihren biophysikalischen Eigenschaften,

Pharmakologie, Regulation und Gewebeverteilung. Durch diese Vielfalt sind Kaliumkanäle an vielen Vorgängen und Funktionen in der Zelle beteiligt. Generell führt die Aktivität von Kaliumkanälen zu Änderungen des Membranpotentials, K^+-Ion-Transport und Osmolyt-Regulation. Abhängig vom speziellen zellulären Kontext haben Kaliumkanäle die unter dem nächsten Punkt erläuterten Eigenschaften.

1.4 Eigenschaften der 2-P-Domänen Kaliumkanäle (K_{2P})

Die ersten Vertreter der 2-Poren-Domänen Kaliumkanalfamilie wurde in *Saccharomyces cerevisiae* und *Drosophila melanogaster* entdeckt (Ketchum et al., 1995, Goldstein et al., 1996), gefolgt von TWIK1, dem ersten 2-P-Domänenkanal aus Säugetieren (**T**andem of P domains in a **W**eak **I**nward rectifying **K⁺** channel) (Lesage et al., 1996). Im menschlichen Genom wurden inzwischen 15 verschiedene Gene entdeckt, welche für K_{2P}-Kanäle codieren (Buckingham et al., 2005; Abbildung 2). Es wird davon ausgegangen, dass diese Kaliumkanäle in vielen Geweben die Hintergrundleitfähigkeit für K^+ vermitteln, d.h. entscheidend zur Entstehung des Ruhemembranpotentials beitragen. Aus diesem Grund werden sie auch als „background" K^+-Kanäle bezeichnet.

Ihre elektrischen Eigenschaften unterstreichen diese Vorstellung, da sie einen nahezu spannungs- und zeitunabhängigen Strom erzeugen, der unter symmetrischen Kaliumbedingungen eine annähernd lineare Strom-Spannungskurve aufweist (Patel & Honore, 2001). K_{2P}-Kanäle verhalten sich also wie ein K^+-selektives Leck in der Zellmembran, weshalb Sie auch „leak channels" genannt werden.

K_{2P}-Kanäle werden in Organen und Geweben exprimiert, die an einer Vielzahl physiologischer und pathophysiologischer Prozesse beteiligt sind, z.B. Anästhesie, Neuroprotektion, Depression, Schmerzwahrnehmung, Messung von Sauerstoff im Blut, Apoptose und Krebsentstehung (Patel et al., 1999; Buckler et al., 2000; Patel et al., 2004; Heurteaux et al., 2004; Alloui et al., 2006; Heurteaux et al., 2006). Für diese Arbeit haben sich aufgrund ihrer Expressionsmuster besonders TREK-1, TASK-1 und THIK-1 herauskristallisiert, die im Folgenden näher charakterisiert werden.

1 Einleitung

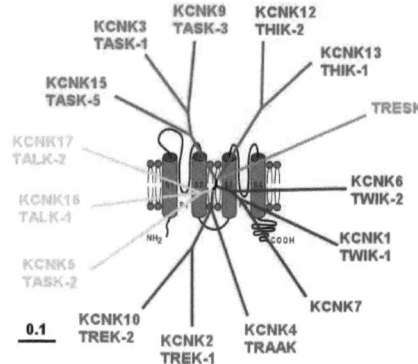

Abbildung 2: Dendrogramm der K$_{2P}$-Kanalfamilie: Kanalunterfamilien sind mit verschiedenen Farben gekennzeichne, während die Bezeichnung der Gene (HUGO) oben und die gängige, in Publikationen verwendete Bezeichnung unten steht .
(Bildquelle: www.ipmc.cnrs.fr/~duprat/2p/images/tree2pproteine.jpg)

1.5 Eigenschaften der K$_{2P}$-Kanäle TREK-1, TASK-1, THIK-1

Zwei-Poren-Kaliumkanäle kommen in neuronalem ebenso wie in nicht neuronalem Gewebe vor, wo sie aufgrund ihrer Eigenschaften an diversen Funktionen wie beispielsweise der Anästhetikasensitivität beteiligt sind (Johannson 2003, Patel 1999, Talley & Bayliss 2002).

Im Folgenden wird näher auf die Proteinstruktur, Expressionsmuster, elektrophysiologische und pharmakologische Eigenschaften sowie die funktionale Rolle von TREK-1, TASK-1 und THIK-1 eingegangen.

1.5.1 Proteinstruktur

TREK-1, TASK-1 und THIK-1 teilen eine charakteristische Topologie. Proteine dieser Kaliumkanalfamilie besitzen zwischen 300 und 500 Aminosäuren und weisen eine bestimmte Verteilung hydrophober Aminosäuren auf, welche auf vier Transmembrandomänen(M1-M4) hindeutet (Abbildung 3) Besonders auffällig ist, dass eine α-UE zwei porenbildende Domänen (P1 und P2) trägt (Lesage, 2003; Abbildung 3). Diese sogenannten P-Domänen sind entscheidend für die Ausbildung der Kanalpore und des Selektivitätsfilters für Kalium. Neben einer langen extrazellulären Schleife zwischen M1 und P1, besitzen sie weiterhin einen kurzen NH$_2$-Terminus und einen ausgedehnten COOH-Terminus, welche beide intrazellulär liegen.

Vertreter anderer Kaliumkanalfamilien besitzen nicht zwei, sondern nur eine P-Domäne pro α-UE. Da diese meist als Tetramere einen funktionsfähigen Kanal bilden, scheinen immer jeweils vier P-Domänen an der Formierung des Selektivitätsfilters beteiligt zu sein (Yang et al., 1995; Doyle et al., 1998).

Aus diesem Grund wurde für K_{2P}-Kanäle eine Dimerisierung von zwei α-UE vorgeschlagen. Diese Dimerisierung erfolgt an der „self interacting domain" (SID, Abbildung 3) und kann sowohl zwischen zwei gleichen (Homodimere) (Lesage et al., 1996; Lopes et al., 2001) als auch zwischen zwei unterschiedlichen α-UE (Heterodimere) (Czirjak & Enyedi, 2002) erfolgen.

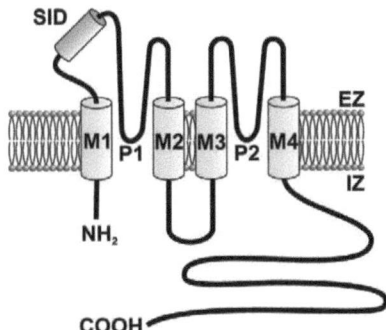

Abbildung 3: Topologie von K_{2P}-Kanälen. Gezeigt wird die typische Membrantopologie einer α-Untereinheit von K_{2P}- Kanälen. Diese bestehen aus vier Transmembrandomänen (M1-M4) und besitzen im Gegensatz zu Vertretern der anderen Kaliumkanalfamilien zwei porenbildende Domänen (P1, P1). Ein funktioneller Kanal besteht vermutlich aus zwei α-Untereinheiten, welche über eine extrazelluläre Domäne („self interacting domain", SID) zwischen M1 und P1 verbunden werden (nach Reichold 2008).

TREK-1, TASK-1 und THIK-1 haben die Gemeinsamkeit, dass sie sowohl im Gehirn als auch im Herzen (Talley et al., 2003, Putzke et al., 2007, Abbildung 5) vorkommen.

Die Expression von TREK-1 konnte durch in situ-Hybridisierung in Gehirnschnitten der Ratte gezeigt werden. Hierbei wurde ein hohes Maß in Gehirnregionen wie Hippocampus (Pyramidenzellschicht), im Thalamus, Hypothalamus, im Striatum, in den Basalganglien (olfaktorischer Tuberkulus), im periaquedukten Grau, in der Amygdala (Nucleus des lateralen olfaktorischen Traktes) sowie in der grauen Schicht des Rückenmarks nachgewiesen (Hervieu et al. 2001, Talley et al., 2001). Zudem ist TREK-1 neben Organen wie Lunge, Niere und Verdauungstrakt vor allem im Herz exprimiert (Fink et al.1996, Aller et al. 2005, Koh et al. 2001). Li et al. analysierten 2006 immunhistochemisch das Vorkommen von TREK-1 im Rattenherz. Antikörperfärbungen lokalisierten hier den K_{2P}-Kanal in Längsstreifen der externalen

Oberflächenmembran in Kardiomyozyten (Abbildung 4), Bai et al. (2005) zeigten TREK-1 in menschlichen Herzmuskelzellen mithilfe von Real-Time PCR.

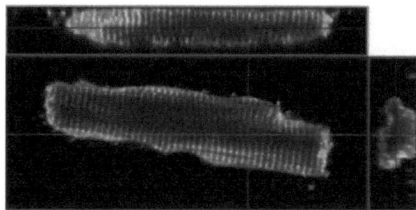

Abbildung 4: Subzellulare Lokalisation von TREK-1 und TASK-1 in Kardiomyozyten. Konfokalaufnahme von Kardiomyozyten der Ratte. Doppelfärbung für TREK-1 (rot) und TASK-1 (grün); XY (unten), XZ (oben) und YZ (rechts) Ebene. Sarkomerlänge: 1.75 µm. (Abbildung aus Li et al. 2006)

Die TASK-1 Gehirnexpression wurde in mehreren Arbeiten durch mRNA-Detektion in der Körnerzellschicht des Kleinhirns (Duprat et al 1997, Brickley et al., 2001, Talley et al., 2001) und in serotonergen Neuronen der Raphekerne (Washburn et al., 2002) gezeigt. Weiterhin wird TASK-1 ebenso in Herzgewebe exprimiert, wie Immunfärbungen in der T-tubulären Membran von ventrikulären Myozyten (Jones et al. 2002, Li et al. 2006) signalisierten.

THIK-1 kommt gehäuft in Teilen des Gehirns wie im olfaktorischen Bulbus der Körnerzellschicht, des Hypothalamus, des Thalamus und im Herzen vor (Rajan et al. 2001).

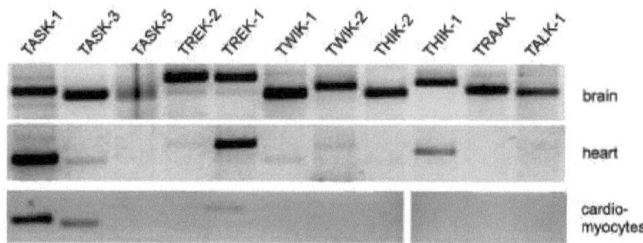

Abbildung 5: Expressionsanalyse von K2P-Kanälen in Hirn- (brain) und Herzgewebe (heart) aus der Ratte. Real-time PCR zeigt, dass TASK-1, TREK-1 und THIK-1 in beiden Organen vorkommen, während THIK-1 in dissoziierten Kardiomyozyten nicht mehr nachzuweisen ist (aus: Putzke et al. 2007).

1 Einleitung

1.5.3 Biophysikalische Eigenschaften

Der TREK-1 Kanal kann bei physiologischer K^+-Konzentration funktionell als „auswärtsgleichrichtend" klassifiziert werden, da ihn bei der Depolarisation mehr Auswärtsströme als Einwärtsströme bei der Hyperpolarisation passieren (Fink et al. 1996, Meadows et al. 2000). Die Schwelle seines Aktivierungspotentials ist nicht fix, sondern folgt dem Kalium-Gleichgewichtspotential (-90 mV) (Fink et al. 1998), was als biophysikalische Eigenschaft mit dem spannungsunabhängigen Öffnungsverhalten (Gating) seine biologische Funktion als Hintergrundstrom (background current) unterstreicht. Weiterhin ist TREK-1 -wie viele andere auswärtsgleichrichtenden Kanälen aus Gehirn und Herz- für seine Aktivierung durch Erhöhung der externen K^+-Konzentration bekannt (Carmeliet 1989, Pardo et al. 1992, Sanguinetti & Jurkiewitz, 1992), was als Eigenschaft z.B. der K^+-Ionen induzierten Variation in der neuronalen Erregbarkeit erklärt.

Der TASK-1-Kaliumstrom folgt biophysikalisch in allen bisher untersuchten Spezies der Goldman-Hodgkin-Katz (GHK)-Vorgabe für offene Gleichrichter, welche die auswärtsgerichtete Beziehung unter einer physiologischen Kaliumverteilung belegt (Duprat et al. 1997, Leonoudakis et al. 1998, Lopes et al. 2000). Das TASK-1 Gating ist spannungsunabhängig. Dies zeigte Kim et al. (1999) in Untersuchungen, die nachgewiesen haben, dass die Einzelkanalaktivität von TASK-1 nicht durch das Membranpotential beeinflusst wird. Innerhalb dieses Gatings gibt es nur kurze TASK-1-Öffnungszeiten, während es zwei, einen kurzlebigen und einen langlebigen, geschlossenen Zustand gibt (Lopes et al. 2000).

1.5.4 Funktionale Rolle

Aufgrund ihrer hohen Strukturähnlichkeit könnten die TREK-1 und TASK-1 Kanäle häufig gleiche oder ähnliche funktionale Rollen in der Zellphysiologie übernehmen. Beide tragen z.B. zur Sauerstoff und pH-Sensitivität bei. Nachgewiesen wird dies zum einen in Buckler et al. (2000), die die Expression von TASK-1 in Sauerstoffsensitiven Zellen der Halsschlagader zeigen. Die Inaktivierung des TREK-1 Kanals durch Hypoxie analysierten Arbeiten von Miller et al. (2003). Weiterhin weist die Aktivierung dieses Kanals durch die Substanz Riluzol auf seinen Stellenwert in der Neuroprotektion hin (Fink et al. 1998), der durch Studien mit der TREK-1 Knockout Maus bestätigt wird (Heurteaux et al. 2004). Weitere Studien mit der transgenen Maus lieferten auch Hinweise, dass dieser Kaliumkanal in die polymodale Schmerzempfindung involviert ist (Alloui et al. 2006) und eine wichtige Rolle beim Krankheitsbild Depression spielt (Heurteaux et al. 2006), worauf in dieser Arbeit

detailliert eingegangen wird. TREK-1 Kanäle werden hauptsächlich in kardialen Myozyten, deren kontraktile Kraft empfindlich gegenüber Zelldehnung ist, exprimiert (Tan et al., 2004). Dadurch übernehmen sie auch eine Aufgabe in der Mechanorezeption.
Eine entscheidende Rolle haben K_{2P}-Kanäle auch in der Regulation des Ruhemembranpotentials. TASK-1 z.B wird durch Ansäuerung im physiologischen Rahmen blockiert und wird zusätzlich in neuronalen Bereichen des Hirnstammes oder somatischer Motoneurone gefunden, die für die Kontrolle des Ruhemembranpotentials dieser Neurone zuständig sind (Sirois et al., 2000, Duprat et al., 1997, Millar et al., 2000).

1.5.5 Pharmakologische Eigenschaften

TREK-1, TASK-1 und THIK-1 werden durch eine Vielzahl chemischer und physikalischer Stimuli reguliert.
Der TREK-1 Kanal ist thermosensitiv und wird durch Arachidonsäure, Phospholipide, Fettsäuren und mechanischen Stress aktiviert (Lesage & Lazdunski, 2000). Zudem kann eine Kanal-Aktivierung durch volatile Anästhetika wie z.B. Halothan oder Isofluran ausgelöst werden (Buckler et al., 2000, Franks & Honoré, 2004, Lopes et al., 2001, Millar et al., 2000, Terrenoire et al., 2001; Abbildung 6) und durch interne Ansäuerung kommt es zu einer Öffnung des TREK-Kanals, wofür -wie auch bei obigen Eigenschaften- die Carboxylgruppe des Kanalproteins verantwortlich gemacht wird (Maingret et al., 1999, Patel, 1999). Die Phosphorylierung durch Protein Kinase A und C verursacht die Inhibition des Kanals.
TASK-1 werden durch klinisch relevante Konzentrationen volatiler Anästhetika moduliert. Halothan verursacht z.B eine spannungs-unabhängige Stimulation von TASK-1 in allen untersuchten Spezies. Isofluran moduliert in relativ hohen Konzentrationen speziesabhängig nur den humanen TASK-1. Zusätzlich wirkt das Gift Bupivacaine als spezifischer TASK-1 Inhibitor (Kindler et al., 1999).
THIK-1 wird ebenfalls durch Arachidonsäure aktiviert, jedoch im Gegensatz zu TREK-1 und TASK-1 durch Halothan inhibiert (Rajan et al., 2001).

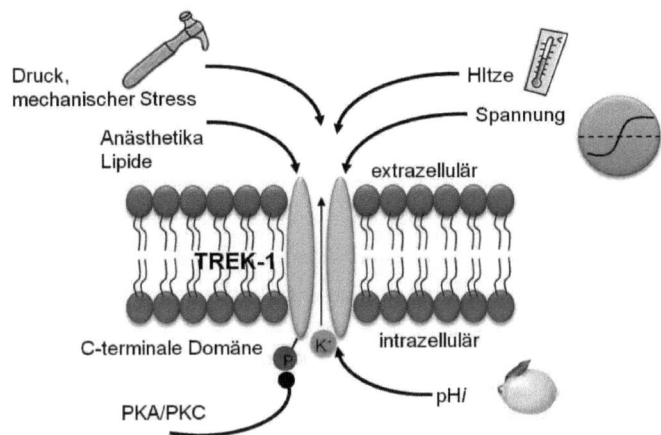

Abbildung 6: Polymodale Aktivierung von TREK-1 durch physikalische und chemische Stimuli.
TREK-1 wird geöffnet durch mechanischen Stress, Hitze, Depolarisation, Anästhetika, Lipide und intrazelluläre Ansäuerung. Intrazelluläre Phosphorylierungswege durch Proteinkinase A (PKA) und Proteinkinase C (PKC) schließen den Kanal (modifiziert nach Honoré 2007).

2   Zielsetzung

Menschen mit Depressionen leiden an einer schwerwiegenden, Lebenszeit einschränkenden psychischen Erkrankung, deren Symptome oft nur mit einer Antidepressivatherapie gemildert werden können. Für diese Antidepressiva stellen K_{2P}-Kanäle, die sowohl in Neuronen im Gehirn als auch in Kardiomyozyten exprimiert werden, eine potentielle Zielstruktur dar (Li et al., 2006, Putzke et al., 2007). Als Gesamtziel dieser Arbeit sollte die Interaktion von K_{2P}-Kanälen mit Antidepressiva unterschiedlicher Stoffgruppen näher betrachtet werden, um Rückschlüsse auf den genauen Wirkungsmechanismus der Psychopharmaka zu erhalten. Im Fortschreiten dieser Arbeit konnten insgesamt folgende drei Ziele formuliert werden.

Zuerst sollte generell die Sensitivität verschiedener Kandidaten aus der K_{2P}-Kanalfamilie auf unterschiedliche Antidepressiva, die zurzeit in der klinischen Praxis verschrieben werden, bestimmt werden.

Als nächstes Ziel sollte eine quantitative Beschreibung der Antidepressiva-Interaktion durchgeführt und molekulare Mechanismus der Interaktion mit dem sensitivsten K_{2P}-Kanal untersucht werden.

Zuletzt sollte als Schlussfolgerung der Ergebnisse eine Konsequenz für die Forschung und klinische Praxis erzielt werden. Hierbei sollte aufgrund der Sensitivität und Expressionsmuster eine mögliche Ursache für Therapieresistenz und für Herznebenwirkungen abgeleitet werden.

3 Material und Methoden

3.1 Materialien

3.1.1 Chemikalien

Alle in dieser Arbeit verwendeten Standardchemikalien wurden von den Herstellerfirmen Sigma (Diesenhofen), Merck (Darmstadt) oder Roth (Karlsruhe) in Analysequalität bezogen.

3.1.2 Verbrauchsmaterialien

Die Tabelle mit den verwendeten Verbrauchsmaterialien findet sich im Anhang der Arbeit.

3.1.3 Verwendete Geräte und Apparaturen

Eine Tabelle mit der Auflistung verwendeter Geräte und Apparaturen befindet sich im Anhang der Arbeit.

3.1.4 Rezepte für Nährmedien, Puffer und Gele

Als Lösungsmittel wurde doppelt entionisiertes Wasser (ddH_2O)aus der hauseigenen Anlage (Seralpur pro 90C, Seral, Ransbach) verwendet. Puffer und Lösungen gebrauchsfertiger Kits wurden nach Instruktionen des Herstellers eingesetzt. Nährmedien und Lösungen für die Molekularbiologie wurden autoklaviert oder steril filtriert.

Rezepte folgender Nährmedien, Puffer und Gele befinden sich im Anhang:
- Agarose-Gelelektrophorese
- SDS PAGE & Western Blot
- Lösung für elektrophysiologische Messungen an *X.laevis* Oocyten
- Präparation der Membranfraktion von *X. leavis* Oocyten
- Präparation der Membranfraktion von HEK-293 Zellen
- Lösung für elektrophysiologische Messungen an HEK 293-Zellen

3 Material und Methoden

3.1.5 Antidepressiva

Tabelle 3: Herstellernachweis der verwendeten Antidepressiva

Antidepressivum	Hersteller
Fluoxetin Hydrochlorid (345.78 g/mol)	Tocris, Biosience, Bristol, UK
Maprotilin Hydrochlorid (313, 86 g/mol)	Sigma Aldrich, Diesenhofen
Mirtazapin (265, 35 g/mol)	Sigma Aldrich, Diesenhofen
Doxepin Hydrochlorid (315, 84 g/mol)	Sigma Aldrich, Diesenhofen
Citalopram Hydrobromid (405,3 g/mol)	Sigma Aldrich, Diesenhofen
Venlafaxin Hydrochlorid (313, 86 g/mol)	Sigma Aldrich, Diesenhofen

3.1.6 Strukturformeln

Tabelle 4: Strukturformeln der verwendeten Antidepressiva

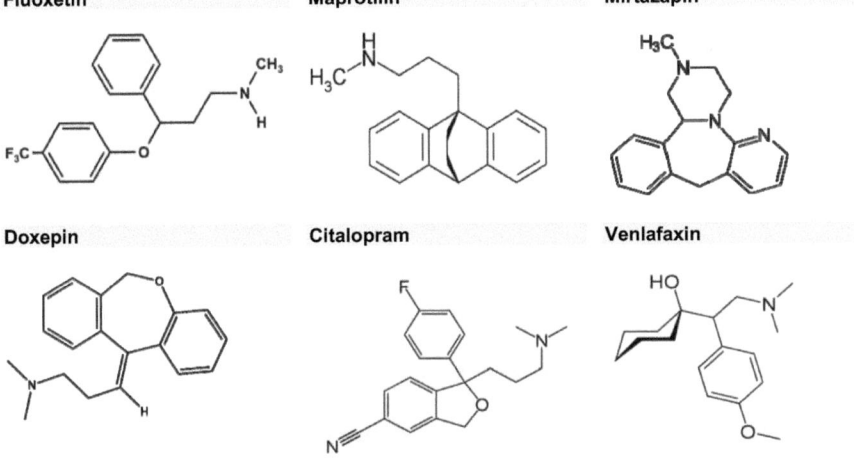

3.1.7 Reagenziensets (Kits)

Tabelle 5: Herstellernachweis aller verwendeten Reagenzienkits

Kit	Hersteller
Big Dye® Terminator v1.1 Kit	Applied Biosystems, Darmstadt
QIAquick® Gel Extraktion Kit	QIAGEN, Hilden
QIAEX® II Gel Extraction Kit	QIAGEN, Hilden
QIAprep® Spin Miniprep Kit	QIAGEN, Hilden
QIAGEN® Plasmid Midi Kit	QIAGEN, Hilden
RNeasy® Mini Kit	QIAGEN, Hilden
TOPO TA Cloning® Kit	Invitrogen, Karlsruhe

3.1.8 Biologische Materialien

HEK-293 Zellen

Xenopus laevis Oocyten

3.1.9 Molekularbiologische Materialien

Zur Amplifikation von Plasmid-DNA in E.coli wurden den Nährmedien Antibiotika zugesetzt, um den Selektionsdruck aufrecht zu erhalten. Dabei betrug die Endkonzentration der Antibiotika 50 µg/ml. Die Resistenz für die jeweiligen Antibiotika wurde von den Plasmiden vermittelt. Die zuvor angesetzten Stammlösungen wiesen folgende Konzentrationen auf:

Tabelle 6: Konzentrationen der Antibiotika-Stammlösungen

Antibiotika	Konzentration
Ampicilin in ddH$_2$O	50 mg/ml
Tetracyclin in 100 %igem Ethanol	5 mg/ml

Antikörper

Alle Antikörper wurden für die Western Blot Analyse verwendet.

Tabelle 7: Antikörper mit Herstellernachweis

Antikörper	Hersteller
Anti-Rabbit-HRP (Ziege, polyklonal)	Santa Cruz Biotechnology, USA
GFP(FL) sc-8334 (Kaninchen, polyklonal)	Santa Cruz Biotechnology, USA
TREK-1 (H75)	Santa Cruz Biotechnology, USA

Enzyme

Tabelle 8: Enzyme mit Herstellernachweis

Enzyme	Hersteller
Alkalische Phosphatase	Roche, Mannheim
DNaseI	Roche, Mannheim
N-Glykosidase F	Roche, Mannheim
Restriktionsendonukleasen Typ II	New England, BioLabs, Frankfurt
Pfu DNA-Polymerase	Stratagene, USA
Pfu Turbo DNA-Polymerase	Stratagene, USA
Proteaseinhibitor Complete, Mini	Roche, Mannheim
T4 –Ligase	Roche, Mannheim
T7-RNA-Polymerase	Roche, Mannheim
Taq DNA-Polymerase	Quiagen, Hilden

Marker und Nukleotide

Tabelle 9: Marker/Nukleotide mit Herstellernachweis

Bezeichnung	Inhaltsstoffe/ Hersteller
DNA-Marker Digest (New England BioLabs, Frankfurt)	20 µl ΦX174 DNA-Hae III 40 µl λ DNA-Hind III Digest 100 µl TE-Puffer, pH 8,0

3 Material und Methoden

	40 µl Probenpuffer (6x)
Prestained Proteinmarker (6-175 kDa)	New England BioLabs, Frankfurt
Ribonukleotide	Roche, Mannheim
RNA-Marker ssRNA (500-9000 Basen)	New England BioLabs, Frankfurt

Oligonukleotide (Primer)

Alle Primer wurden von Operon Biotechnologies GmbH (Köln) bezogen. Die jeweiligen Sequenzen sind der folgenden Tabelle aufgelistet.

Tabelle 10: Sequenzen der verwendeten Primer

Name	Primer	Sequenz
hTREK1a	sense	5´ATGCGGCCGCCACCATGGCGGCACCTGAC TTGCTGG3´
	antisense	5´CCCTCGAGCTATTTGATGTTCTCAATCACAGC3´
hTREK1c-ΔN52	sense	5´ATGCGGCCGCGCCACCATGAAATGGAAGACGGTCTCCACG3´
	antisense	5´CCCTCGAGCTATTTGATGTTCTCAATCACAGC3
hTREK1c-M53I	sense	5´CACGACCATTAATGTTATCAAATGGAAGACCC GGTCTCC3´
	antisense	5´GGAGACCGTCTTCCATTTGATAACATTAATGGT CGTG3´

Plasmid-Vektor

In der vorliegenden Arbeit wurden zwei verschiedene Vektoren eingesetzt.

pcDNA3: Dieser Expressionsvektor besteht aus 5446 bp und ist für Säugerzellen spezifisch (Invitrogen, Karlsruhe). Er enthält den SV Origin of Replication, den frühen Transkriptionspromotor CMV, ein Polyadenylierungssignal sowie den T7 und SP6 Promotor.

pSGEM: Dieser für *Xenopus laevis* Oocyten verwendete Expressionsvektor (3118bp) wurde vom pSGEM-3Z Vektor (2743 bp, Promega, Mannheim) abgeleitet. Er enthält flankierend zur Multiple Cloning Site untranslatierte Regionen des *Xenopus* ß-Globingens sowie einen T7 und SP6 Promotor. Upstream des SP6 Promotors befinden sich vier Restriktionsstellen, die zur Vektorlinearisierung (SphI, PacI, SfiI, NheI) verwendet werden können.

3.1.10 Software

Tabelle 11: Software mit Herstellernachweis

Produkt	Hersteller
ABI Prism™ Sequenzing Analysis 3.0	Applied Biosystems
CellWorks E 5.5.1	NPI Electronic Instruments
Freehand MXa	Macromedia, Adobe®,
IGOR PRO® 5.04A	WaveMetrics, Inc., Lake Oswego, OR, USA
Office 2007 (Excel, PowerPoint, Word)	Microsoft
SPSS	IBM Company

3.1.11 Datenverarbeitung

3.1.11.1 Statistik

Alle Daten werden, wenn nicht anders bezeichnet, als arithmetische Mittelwerte ± Standardabweichung des Mittelwertes (SA) für n Experimente im Text, in Tabellen sowie in Diagrammen angegeben. Alle im Text verwendeten Formulierungen wie „durchschnittlich" oder „im Mittel" beziehen sich auf den arithmetischen Mittelwert. Die Werte wurden bei entsprechender Fragestellung mit dem gepaarten t-Test nach Student auf Signifikanz geprüft, wobei als Signifikanzgrenze $p<0{,}05$ angesehen wurde. Die statistische Auswertung der gewonnenen Daten erfolgte mit dem Microsoft-Office xp Programm *Excel*.

3.1.11.2 Ermittlung der Konzentrations-Wirkungs-Beziehung

Die aus den elektrophysiologischen Messungen gewonnenen arithmetischen Mittelwerte der Kanalinhibition werden zunächst auf den jeweiligen Maximalwert mit $E_{max}= 100\%$ (1,0) als gemeinsame Bezugsgröße normiert und anschließend mit Hilfe der Software IGORPro® Version 5.04A (WaveMetrics, Inc.,Lake Oswego, OR, USA) ausgewertet: Die Anpassung erfolgt an eine auf der klassischen Rezeptortheorie beruhenden logistischen Funktion (Hill-Gleichung) zur Ermittlung der Effektiv-Konzentration (IC_{50}) und der Steigung n_H (Hill-Koeffizient):

3 Material und Methoden

$$y = I_{m\,in} + \frac{(I_{m\,ax} - I_{m\,in})}{[1 + (\frac{IC_{50}}{c})^{nH}]}$$

I_{max}	Effekt bei maximaler Konzentration der Substanz
I_{min}	Effekt bei minimaler Konzentration der Substanz
IC_{50}	Konzentration, bei der ein halbmaximaler Effekt eintritt
c	Konzentration der Substanz
n_H	Hill-Koeffizient

Die Konzentrations-Wirkungs-Kurve ist für jeden Wirkstoff charakteristisch. Vier wichtige pharmakologische Parameter lassen sich aus dieser Funktion ableiten (Urban et al., 2002): Die inhibitorische Potenz des Wirkstoffes, ausgedrückt durch die IC_{50}, die maximale Inhibition (durch einen FreeFit ermittelt), und schließlich Anstiegssteilheit (Hill-Koeffizient) und Kurvenform, die Aussagen über den zugrunde liegenden Wirkmechanismus erlauben.

3.1.11.3 *Graphische Darstellung*

Die graphische Darstellung der gezeigten Balkendiagramme und Originalableitungen, exportiert aus den Programmen *CellWorks* (npi electronic GmbH, Tamm, Deutschland) und *Pulse fit* (HEKA Elektronik, Lambrecht/Pfalz, Deutschland) erfolgten mit dem Microsoft-Office xp Programm Excel. Die Darstellung der Dosis-Wirkungs-Kurven erfolgte mit Hilfe des Programms *IGOR Pro*® Version 5.04A (*WaveMetrics, Inc.*, Lake Oswego, OR, USA)

3.2 Methoden

3.2.1 Molekularbiologische Methoden-Herstellung der TREK-Konstrukte

Um die Auswirkungen der Antidepressiva auf den TREK-1 Kanal zu untersuchen, wurden während dieser Arbeit die in der Tabelle 10 aufgeführten Konstrukte hergestellt. Zu Beginn wurde mir der Wildtyp hTREK-1 in pSGEM freundlicherweise von Susanne Rinne´ aus der Arbeitsgruppe PD Dr. Regina Preisig-Müller des Instituts für Physiologie der Universität Marburg zur Verfügung gestellt. Die RNA für TASK-1 und THIK-1 waren Instituts eigen.

3.2.1.1 Polymerasekettenreaktion (PCR)

Die PCR (nach Saiki et al., 1985) ist eine Methode, mit der *in vitro* schnell und gezielt DNA exponentiell amplifiziert werden kann.

Zur Klonierung wurde hauptsächlich die Pfu und Pfu Turbo DNA-Polymerase verwendet, die beide eine 3´-5´-Exonukleaseaktivität (Proofreading-Aktivität) aufweisen. In einzelnen Fällen wurde ebenso die Taq DNA-Polymerase (keine Proofreading-Aktivität) eingesetzt, wenn die Ausbeute der gewünschten DNA-Fragmente mit den beiden anderen Polymerasen nicht zufriedenstellend war. Die Taq und Pfu Turbo DNA-Polymerase besitzen eine Matrizen unabhängige Polymeraseaktivität, so dass neu synthetisierte DNA-Stränge ein zusätzliches Adenosin angehängt wird. Die Pfu DNA-Polymerase hingegen amplifiziert PCR-Produkte mit glatten Enden.

Als Primer wurden Oligonukleotide verwendet, die die zu amplifizierende Sequenz flankieren und jeweils in den anderen zu verbindenden Sequenzabschnitt hineinragen. Details zu den vewendeten Primern sind dem Kapitel 3.1.8 zu entnehmen.

PCR-Ansatz:

Matrizen-DNA (100ng)	x µl
ss Primer (10 pmol/µl)	2 µl
as Primer (10 pmol/µl)	2µl
DNA_Polymerase Reaktionspuffer (10x)	5 µl
dNTPs (10mM each)	1µl
DNA-Polymerase (2,5 U/µl)	1µl

mit ddH$_2$O auf ein Endvolumen von 50 µl auffüllen

Temperaturschleifen im Thermocycler wurden folgendermaßen angesetzt:

Einleitende Denaturierung	94°C	3 min
30 Temperaturschleifen:		
Denaturierung	94°C	1 min 15 sek
Annealing	x °C	1 min
Elongation	72°C	1 min 30 sek
Abschließender Zyklus:		
Denaturierung	94°C	1 min
Annealing	x°C	1 min
Elongation	72°C	5 min

Die Annealingtemperatur richtet sich im Normalfall nach der Schmelztemperatur der jeweiligen Primer, d.h. der GC- und AT-Gehalt ist zu beachten. Allerdings wurde die Annealingtemperatur in den meisten PCR-Ansätzen aufrund der Länge der Primer auf 50-54°C festgelegt. Nachdem die 30 Zyklen durchlaufen waren, wurde mittels des terminalen Elongationsschritts von 5 min sichergestellt, dass die PCR-Produkte vollständig polymerisiert wurden.

Um die PCR-Proben kontrollieren zu können, wurden diese im DNA-Probenpuffer (6x) aufgenommen und anschließend gelelektrophoretisch aufgetrennt (Kapitel 3.2.1.3).

3.2.1.2 Zielgerichtete Mutagenese

Um gezielt bestimmte Nukleotide in der vorhandenen TREK-Sequenz auszutauschen wurde hierfür das QuickChange® Site-Directed Mutagenesis Protokoll befolgt. Dabei wurde das komplette doppelsträngige zirkuläre Plasmid mit zwei komplementär liegenden Oligonukleotidprimern amplifiziert. Die verwendeten Primer mit den gewünschten Mutationen sind im Abschnitt 3.1.8 aufgeführt.

Die Pfu DNA-Polymerase amplifiziert hierbei die beiden Plasmidstränge durch ihre 3´-5´Exonuklease-Aktivität mit hoher Lesegenauigkeit.

PCR-Ansatz:

Matrizen-DNA (10 oder 50 ng)	1,4 µl
ss Mutagenese Primer (10 pmol/µl)	x µl
as Mutagenese Primer (10 pmol/µl)	1,4 µl

3 Material und Methoden

Pfu DNA-Polymerase Reaktionspuffer (10x)	5 µl
dNTPs (2,5 mM each)	1µl
Pfu DNA-Polymerase (2,5 U/µl)	1µl

mit ddH$_2$O auf ein Endvolumen von 50 µl auffüllen

Temperaturschleifen im Thermocycler wurden folgendermaßen angesetzt:

Einleitende Denaturierung	95°C	1 min

16 Temperaturschleifen:

Denaturierung	95°C	30 s
Annealing	55°C	1 min
Elongation	68°C	10 min

(2min/ 1kb Plasmidlänge)

Nach Vollendung der PCR wurde die Template Plasmid-DNA eine Stunde bei 37°C mit 1 µl DpnI verdaut. DpnI (Erkennungssequenz: 5`G$^{m6}$ATC-3`) zersetzt spezifisch nur die methylierte und hemimethylierte DNA, nicht aber unmethylierte DNA, so dass nur die unmethylierte in vitro synthetisierte DNA zurückbleibt.

Im Anschluss wurden 1 und 5 µl des Ansatzes für die Transformation von *E.coli* verwendet. Nach der Amplifikation der Plasmid-DNA und anschließender Plasmidpräparation konnte die Richtigkeit der Mutationen durch DNA-Sequenzierung überprüft werden (Kapitel 3.2.1.8, 3.2.1.10). Auf diese Weise wurden alle Punktmutationen sowie Kozak-Sequenz in die TREK-Konstrukte eingeführt.

3.2.1.3 Gelelektrophoretische Auftrennung von DNA

Für die DNA-Fragmentanalyse (analytisch oder präparativ) wurde die Agarose-Gelelektrophorese verwendet. Bei dieser Technik werden im elektrischen Feld DNA-Fragmente nach ihrer Größe aufgetrennt. Außerdem ermöglicht diese Methode eine Aussage über die Menge der jeweils aufgetragenen DNA.

Die Agarose wurde in 40 ml TAE (1x) Puffer kurz aufgekocht und nach abkühlen auf ca. 60°C mit 1µl Ethidiumbromid (10 mg/ml) versetzt und in die entsprechende Gelvorrichtung gegossen. Nach Festwerden des Agarosegels wurden die mit DNA-Probenpuffer (6x) versetzten Proben auf das Gel geladen und für 1 Stunde bei 100 V in TAE (1x) elektrophoretisch aufgetrennt.

Die Auftrennung erfolgte ja nach DNA-Größe in einem 0,8 bis 1,5%-igem Agarosegel. Der zeitgleich aufgetragene DNA-Marker mit Längenstandards ermöglichte die Größenzuordnung der DNA-Fragmente.

Die DNA-Fragmente sind aufgrund der Interaktion mit Ethidiumbromid unter UV-Licht sichtbar und ermöglichen so eine Fotodokumentation. Bei präparativen Gelen wurden zusätzlich die gewünschten DNA-Banden mit einem Skalpell auf dem UV-Transilluminator ausgeschnitten.

3.2.1.4 Isolierung von DNA-Fragmenten aus Agarosegelen

Das gewünschte aus dem Agarosegel geschnittene DNA-Fragment wurde für die weitere Bearbeitung isoliert. Für diese Aufreinigung wurde je nach Stärke der Gelbande das „QIAquick® Gel Extraktion Kit" oder das „QIAEX® II Gel Extraction Kit" verwendet. Bei disem Prinzip wurde zunächst der jeweilige Agaroseblock in einem geeigneten Puffer aufgelöst. Anschließend wurde durch eine selektive Bindung der DNA an die spezielle Silika-Membran (bei hoher Salzkonzentration) die DNA von den restlichen Verunreinigungen getrennt. Nach einem Waschschritt konnte die gebundene DNA von der Säule eluiert werden, in dem die Salzkonzentration (Tris oder H_2O) herabgesetzt wurde.

Die hier erläuterte Isolierung der DNA-Fragmente wurde nach jeder PCR sowie nach jedem durchgeführten Restriktionsverdau durchgeführt.

3.2.1.5 Restriktion der DNA-Fragmente

Restriktionsendonukleasen des TypII erkennen spezifisch kurze DNA-Sequenzmotive (meist 4-6 bp) und spalten den DNA-Doppelstrang innerhalb dieses Palindroms hydrolytisch, wobei die Enden der Schnittstelle je nach Endonuklease glatt oder kohäsiv sein können.

Für einen Restriktionsansatz wurde entweder das gesamte PCR-Produkt oder 2-3 µg der jeweiligen DNA eingesetzt. Dabei wurde der Verdau mit den mitgelieferten Puffern und empfohlenen Temperaturen (meist 37°C) für drei Stunden durchgeführt. Anschließend wurden die Enzyme durch gelelektrophoretische Auftrennung inaktiviert. Musste der Restriktionsverdau mit zwei verschiedenen Enzymen erfolgen, wurde meist ein Doppelverdau bei empfohlenen Puffer und Temperatur durchgeführt. War ein solcher Parallelverdau aufgrund der Pufferbedingungen nicht möglich, wurde sequentiell verdaut.

Nach der Restriktion von Vektoren wurden diese durch die alkalische Phosphatase (30 min bei 37°C) dephosphoryliert, wobei die endständige 5´-Phosphatgruppe des linearisierten Vektors enzymatisch abgespalten wurde.

Diese Vektor-Behandlung verhinderte im Ligationsansatz eine intramolekulare Selbstligation von Vektorfragmenten. Direkt nach der Inkubationszeit wurden Proben mit DNA-Probenpuffer (6x) versetzt und mittels Gelelektrophorese aufgetrennt und so die Reaktion abgestoppt.

3.2.1.6 Ligation – Zusammenfügen von geschnittenen DNA-Fragmenten

Zur Klonierung wurden DNA-Fragmente mit spezifischen Restriktionsendonukleasen geschnitten und im Abschluss wie bereits erwähnt gelelektrophoretisch aufgetrennt. Für das Zusammenfügen eines Vektors mit dem zu inserierenden DNA-Fragment wird anhand einer analytischen Gelelektrophorese das Konzentrationsverhältnis der jeweiligen Fragmente abgeschätzt. Der 20 µl Ligationsansatz enthielt den Vektor und das Insert in dem zuvor abgeschätzten Verhältnis (meist 1:3 bis 1:4), den Ligationspuffer (10x) sowie 1 µl der T4 DNA-Ligase. Die Inkubation des Ansatzes wurde über Nacht bei 16°C im Thermoblock durchgeführt. Zu jedem Ansatz erfolgte zusätzlich eine Kontrollligation, bei der kein Insert eingesetzt wurde. In der Regel wurde der komplette Ansatz für die Transformation in hitzekompetente *E.coli* verwendet.

3.2.1.7 Präparation von Plasmid-DNA aus 4 ml Bakterienkulturen

Von den Amp/LB-Platten wurden einzelne Bakterienkolonien der Ligationen oder Mutagenesen in 4 ml Amp/LB-Medium angeimpft. Die Flüssigkulturen wurden dann über Nacht bei 37°C unter Schütteln (230 rpm) inkubiert.

Um die Plasmid-DNA der E.coli Übernacht-Flüssigkulturen isolieren zu können, wurden Mini-Präparationen anhand des QIAprep®Spin Miniprep Kit" Protokolls durchgeführt. Dabei wurden die Bakterien unter alkalischen Bedingungen lysiert und anschließend die Plasmid-DNA selektiv in der Gegenwart von hohen Salzkonzentrationen an eine aus Silika-Gel bestehende Säule gebunden. Nach mehreren Waschschritten, bei denen RNA, Proteine und andere Verunreinigungen abgetrennt wurden, wurde die an die Säule gebundene Plasmid-DNA unter Verwendung eines Puffers mit niedriger Salzkonzentration eluiert.

Die Konzentration der gewonnen Plasmid-DNA wurde photometrisch im UV-Absorptionsbereich bei 260 und 280 nm in einer Quarzküvette bestimmt. Die Reinheit der DNA ergibt sich aus dem Quotienten OD_{260}/OD_{280}, wobei der Wert reiner DNA zwischen 1,8-2,0 liegt.

Zur Kontrolle der Plasmidpräparationen erfolgte ein Verdau mit geeigneten Restriktionsendonukleasen. Hierfür wurden die Proben für eine Stunde bei 37°C inkubiert und anschließend mittels Agarose-Gelelektrophorese analysiert. Anhand der Banden im Agarosegel konnte so festgestellt werden, ob das gewünschte Fragment im jeweiligen Vektor vorlag.

3.2.1.8 Sequenzierung von DNA

Die genaue Nukleotidsequenz der Klone wurde mit hauseigenem Sequenzierer ABI PrismTM 310 Genetic Analyzer von Applied Biosystems nach der Didesoxy-Kettenabbruchmethode überprüft (nach Sanger et al., 1977).
Bei dieser Methode entstehen DNA-Fragmente unterschiedlicher Länge da es durch den Einbau der Fluoreszenz markierten Didesoxynukleotide (ddNTPs) aufgrund der fehlenden 3´-Hydroxylgruppe zu einem Abbruch der DNA-Synthese kommt. Jede der vier Basen weist ein unterschiedliches Emissionsspektrum auf. Während der Kapillarelektrophorese werden die ddNTPs mittels Argonlaser angeregt und die jeweilige Emission detektiert.
Unter Verwendung des „Big Dye® Terminator v1.1 Kit" wurde folgender PCR-Ansatz erstellt:

PCR-Ansatz:

Matrizen-DNA (300 ng)	x µl
Primer (1 pmol/µl)	3 µl
BigDye Terminator Mix	2 µl
Sequenzierungspuffer (5x)	4 µl

mit ddH2O auf ein Endvolumen von 20 µl auffüllen

Temperaturschleifen im Thermocycler wurden folgendermaßen angesetzt:

Einleitende Denaturierung	94°C	30 s
25 Temperaturschleifen:		
Denaturierung	94°C	30 min
Annealing	50°C	1 min
Elongation	60°C	3 min

Nach Beendigung der PCR wurden die Proben gefällt, aufgereinigt und für die Sequenzierung vorbereitet.
Im Anschluss wurden alle Proben automatisiert in eine Gelkapillare gezogen und der Sequenziervorgang gestartet. Die Auswertung der Rohdaten erfolgte über die spezielle Software „ABI Prism ™ Sequencing Analysis 3.0".

3.2.1.9 Präparation von Plasmid-DNA aus 50 ml Bakterienkulturen

Zur Gewinnung größerer und qualitativ hochwertiger Plasmid-DNA Mengen des gewünschten Konstrukts, wurde das „QIAGEN®Plasmid Midi Kit" verwendet.

Hierbei wurde von einer Amp/LB-Medium Vorkultur angeimpft und für ca. 8 Stunden bei 37°C unter Schütteln (230 rpm) inkubiert.

Anschließend wurden 500 µl der Vorkultur in die 50 ml Amp/LB-Medium Arbeitskultur überimpft und bei 37°C über Nacht unter Schütteln inkubiert.

Das zugrunde liegende Prinzip der Aufreinigung entspricht dem des „QIAprep®Spin Minipreps Kits". Die genaue Durchführung ist dem beiliegendem Handbuch zu entnehmen.

3.2.1.10 RNA-Synthese durch in vitro Transkription

In der vorliegenden Arbeit wurden als heterologes Protein-Expressionssystem *Xenopus laevis* Oozyten verwendet. Aus diesem Grund wurde zur weiteren Untersuchung der putativen N-Glykosylierungsstellen die jeweilige cRNA über die *in vitro* Transkription hergestellt.

Der Expressionsvektor pSGEM wurde zunächst für den Umschrieb linearisiert, wobei der Vektor downstream der zu transkribierten Sequenz geschnitten wurde. Für diese Restriktion wurden 10-15 µg Matrizen-DNA und 40 U des Enzyms Nhe I eingesetzt. Nach drei Stunden wurde unter Anwendung der Agarose-Gelelektrophorese überprüft, ob die Restriktion vollständig abgelaufen war.

Für die in vitro Transkription ist ein hoher Reinheitsgrad der DNA erforderlich, so dass im Folgenden eine Phenol/Chloroform-Extraktion vorgenommen wurde. Bei der anschließenden Fällung bei -20°C über Nacht wurde 1/10 Volumen von 3 M Natriumacetat (pH 5,2) und 2,5-fachen Volumen von eiskaltem 100%-igem Ethanol eingesetzt. Die gefällte DNA wurde am folgenden Tag für 30 min bei 4°C herunter zentrifugiert, mit eiskaltem 70%-igem Ethanol gewaschen und nochmals für 15 min herunter zentrifugiert. Nachdem das Pellet mittels dem Speed-Vac Connentrator SC 110 getrocknet wurde, konnte die DNA in 25 µl DEPC-H_2O aufgenommen werden.

Die genaue DNA-Konzentration wurde durch eine anschließende photometrische Messung bestimmt, so dass 3 µg der Matrizen-DNA für die Reaktion eingesetzt werden konnten.

Der Transkriptionsansatz wurde wie folgt zusammengestellt:

Matrizen-DNA (3 µg)	x µl
DEPC-H_2O	(20-x) µl

ATP (10 mM)	5 µl
CTP (10 mM)	5 µl
UTP (10 mM)	5 µl
GTP (10 mM)+m7G(5´)ppp(5´)G-cap	5 µl
Transkriptionspuffer (10x	5 µl
RNAse-Inhibitor	2,5 µl
T7 RNA-Polymerase	2,5 µl

Besonders wichtig für die Effizienz der Proteinexpression war dabei die Verwendung eines modifizierten GTPs. Das $m^7G(5`)ppp(5`)G$ ist ein Cap Analogon, das die Degradierung der mRNA in den Zielzellen verhindert und die Translation optimiert.

Der Ansatz der *in vitro* Transkription wurde 1-2 Stunden bei 37°C inkubiert. Nach Beendigung der RNA-Synthese wurde die Matrizen-DNA mittels einer DNAse (15 min bei 37°C) abgebaut.

Anschließend wurde wie bereits zuvor beschriebenen eine Phenol/Chloroform-Extraktion und Fällung vorgenommen. Am nächsten Tag wurde der Ansatz für 30 min bei 4°C zentrifugiert, das Pellet mit 70%-igem Ethanol gewaschen und nochmals zentrifugiert. Das erhaltene Pellet wurde mit der Speed-Vac vollständig getrocknet und in 10 µl DEPC-H_2O aufgenommen. Falls die RNA in einer bestimmten Konzentration vorliegen sollte, wurde eine spezielle Aufreinigung vorgenommen, die im nächsten Abschnitt genauer beschrieben ist.

Zur Kontrolle der *in vitro* Transkription wurde ein RNA-Agarosegel hergestellt, mit dem die Reinheit der RNA überprüft wurde. Für das RNA-Agarosegel wurden 0,6 g Agarose abgewogen und mit 30 ml ddH_2O aufgefüllt. Nach kurzem Aufkochen und Abkühlen auf ungefähr 65°C wurden zügig 8 ml MOPS (5x) und 7 ml Formaldehyd (37%-ig) hinzugeben und luftblasenfrei ausgegossen.

Der RNA-Probenpuffer wurde mit 1 µl Ethidiumbromid versetzt und jeweils 8 µl zu den Proben hinzu gegeben.

Um die Bildung von Sekundärstrukturen zu verhindern, wurden die Proben für 10 min bei 65°C erhitzt. Als Laufpuffer diente MOPS (1x), die Elektrophorese wurde für eine Stunde bei 80 V durchgeführt und unter UV-Licht fotodokumentiert.

3.2.1.11 *RNA-Aufreinigung und Quantifizierung*

Um die über die *in vitro* Transkription gewonnene RNA quantifizieren zu können, wurde das „RNeasy® Mini Kit" angewendet. Unter Anwendung dieses Protokolls wurde die RNA in 100 µl DEPC-H_2O aufgenommen und mit den mitgelieferten Puffern versetzt. Die Mischung wurde auf eine spezielle RNA-Säule gegeben, so dass die RNA an die RNeasy® Silica-Gelmembran binden konnte. Nachdem Kontaminationen wie Nukleotide durch Waschschritte entfernt wurden, konnte die reine RNA in DEPC-H_2O eluiert werden.

Die Quantifizierung der gewonnenen RNA erfolgte photometrisch im UV-Absorptionsbereich bei 260 und 280 nm in einer Quarzküvette. Die Reinheit der RNA ergibt sich aus dem Quotienten OD_{260}/OD_{280}.

3.2.2 Proteinbiochemische Methoden

3.2.2.1 Präparation der Membranfraktion von Xenopus laevis Oozyten

Nach einer Inkubationszeit von 48 Stunden wurden die injizierten *Xenopus laevis* Oozyten (Kapitel 3.2.3.1) für die folgende Präparation selektiert. Für alle Bedingungen des jeweiligen Experiments wurden 15-20 intakte Oozyten ausgewählt und in ND 96 Lösung zwei Mal gewaschen. Alle weiteren Schritte wurden anschließend auf Eis durchgeführt.

Die ausgesuchten Oozyten wurden mit 25 µl Puffer A pro Oozyte versetzt und durch wiederholtes Auf-und Abpipettieren mit Hilfe einer 1000 µl Pipette homogenisiert. Alle Proben wurden daraufhin für jeweils 10 sek gründlich gevortext. Mit der folgenden Zentrifugation bei 1000 g für 10 min wurden Dotter und Zelltrümmer pelletiert. Der Überstand wurde entnommen und mit dem gleichen Zentrifugationsschritt nochmals unterzogen. Um die Membranfraktion zu isolieren wurde eine letzte Zentrifugation bei 10.000 g für 20 min durchgeführt. Das hier entstandene Pellet enthielt die Membranfraktion und wurde im Anschluss mit 50-80 µl des SDS-Probenpuffer (2x) versetzt.

Sollten die Proben nicht gleich elektrophoretisch aufgetrennt werden, da sie zunächst mit der N-Glykosidase F behandelt wurden, wurden das Pellet in 100 µl 0,1 M ß-Mercaptoethanol/0,1% SDS aufgelöst.

3.2.2.2 Präparation der Membranfraktion von HEK 293 Zellen

Bei der Präparation der HEK-293 Zellen für die anschließende elektrophoretische Auftrennung der Membranproteine wurden die Zellen zunächst zweimal mit PBS gewaschen. Die Zellen wurden von der Oberfläche der Petrischale abgeschabt, in 5 ml PBS aufgenommen und in ein Falconröhrchen überführt. Nach einem Zentrifugationsschritt für 3 min bei 1500 rpm wurden der Überstand verworfen und das Zellpellet in 1 ml eiskaltem Homogenisationspuffer aufgenommen. Danach wurden die Zellen auf höchster Stufe für 5 min bei 4°C zentrifugiert und im Anschluss der Überstand mit SDS-Probenpuffer (2x) versetzt.

3.2.2.3 Bestimmung der Proteinkonzentration

Die Bestimmung der Proteinkonzentration erfolgte nach Bradford (Bradford, 1976). Hierbei wurde 1 µl der zu bestimmenden Proteinlösung zu 99 ml ddH_2O pipettiert. Anschließend wurde 900 ml 1:5 verdünntes Bradford-Reagenz hinzugefügt. Die Probe wurde kräftig geschüttelt und 5 min bei Raumtemperatur inkubiert. Anschließend wurde die optische Dichte im Photometer bei 595 nm gemessen. Die Bestimmung der Proteinkonzentration erfolgte an Hand einer parallel erstellten Eichgeraden aus bovinem Serum-Albumin-Standard (BSA-Standard).

3.2.2.4 Diskontinuierliche SDS-Polyacrylamid-Gelelektrophorese (SDS-PAGE)

Die Proteine der aus Oozyten, HEK-Zellen, Kardiomyozyten und Skelettmuskelzellen gewonnenen Proteinextrakte wurden durch die diskontinuierliche SDS-Polyacrylamid-Gelelektrophorese (SDS-PAGE) aufgrund ihres Molekulargewichtes aufgetrennt.

Die meisten Proteine binden SDS und bilden einen SDS-Protein-Komplex mit nahezu konstantem Ladungs-zu Masse-Verhältnis. Als Detergenz denaturiert SDS Proteine und maskiert bei allen Proteinen die Nettoladung, so dass ihnen eine negative Ladung verliehen wird. Die SDS-Protein-Komplexe wandern bei Anlegen der Spannung in Richtung des positiven Pols und werden durch den Molekularsiebeffekt der Polyacrylamidmatrix nach ihrem Molekulargewicht aufgetrennt.

DTT und ß-Mercaptoethanol reduzieren die Disulfidbrücken der Proteine, so dass Quartärstrukturen aufgehoben werden. Das in dieser Arbeit verwendete Puffersystem beinhaltet verschiedene Tris-Glycin Puffer (nach Lämmli, 1970).

Für die SDS-PAGE wurden 10%-ige Trenngele, sowie 5%-ige Sammelgele verwendet. Die genaue Zusammensetzung der Gele ist dem Kapitel 3.1.4 zu entnehmen. Bei der Herstellung der Gele ist zu beachten, dass der Radikalstarter APS und der Polymerisierungskatalysator als letzte Komponenten der Gelmischung beigefügt werden, so dass die Polymerisierung nicht zu früh stattfinden kann.

Die aufzutrennenden Proben wurden jeweils wie bereits erwähnt mit dem SDS-Probenpuffer versetzt und für 10 min bei 50°C erhitzt.

Die Gelelektrophorese fand in der „Mini-PROTEAN®tetra Electrophoresis" Zelle statt (Abbildung 7). Der Lauf erfolgte zuerst 45 min bei 80 V bis die Proben vom Sammelgel ins Trenngel übergegangen sind, danach 80 min bei 120 V.. Als Laufpuffer diente der Tris-Glycin-SDS-Puffer (Kapitel 3.1.4).

3 Material und Methoden

Pro „Slot" wurden zwischen 2-10 µl der Proteinextrakte aufgetragen und aufgetrennt. In einer der Taschen des Gels wurde ein vorgefärbter Protein-Größenmarker aufgetragen, so dass eine Größenabschätzung der aufgetragenen Proteine mit Hilfe der Proteinstandards ermöglicht wurde.

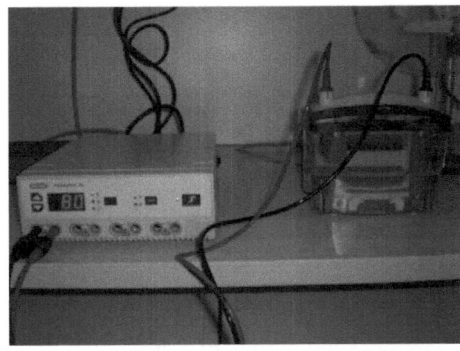 

Abbildung 7: Diskontinuierliche SDS-Polyacrylamid-Gelelektrophorese (SDS-PAGE). Der Lauf erfolgte zuerst 45 min bei 80 V bis die Proben vom Sammelgel ins Trenngel übergegangen sind, danach zur vollständigen Trennung für 80 min bei 120V.

3.2.2.5 Western-Immunoblot

Um die TREK-Konstrukte immunologisch nachweisen zu können, wurden die während der SDS-PAGE aufgetrennten Proteine anschließend in einem weiteren elektrophoretischen Schritt auf eine Polyvinylidendifluorid (PVDF)-Membran transferiert. Auf dieser Membran können Proteinbanden spezifisch mit Antikörpern identifiziert und über Chemilumineszenz sichtbar gemacht werden.

Die in dieser Arbeit jeweils verwendeten Primärantikörper sind gegen das C-terminale Ende des TREK-Proteins gerichtet. Die Sekundärantikörper erkennen den Primärantikörper und die gekoppelte Meerettich-Peroxidase (Horseradish Peroxidase, HRP), die die Substratreaktion zur Erzeugung von Chemilumineszenz katalysiert.

Durchführung (nach Towbin et al., 1979): Alle Komponenten (Trägermembran, Whatman-Papier und Fiber-Pads) wurden vor Beginn des Blots für mindestens 5 min mit dem Towbin-Puffer äquilibriert, wobei die Trägermembran zuvor mit Methanol aktiviert wurde. Nach dem blasenfreien Zusammenbau der einzelnen Komponenten erfolgte der Transfer der Proteine in der „Mini Trans-Blot®Electrophoretic TransferCell" für 30 min bei konstantem 350 mA und 100 V im Kühlraum bei 4°C.

Vor der immunologischen Reaktion wurden alle restlichen Bindungsstellen der Trägermembran bei Raumtemperatur mit 4% Milchpulver in TBS-Tween-20 unter Schütteln abgesättigt, um spezifische Bindungen der Antikörper zu minimieren. Nach Verstreichen der Zeit wurde die Membran 3x für 5 min mit TBS-Tween -20 gewaschen. Im Anschluss wurde der Primärkörper in der entsprechenden Verdünnung in 4% Milchpulver/TBS-Tween-20 bei 4°C über Nacht inkubiert.

Für den spezifischen Nachweis der TREK-Konstrukte wurde der polyklonale Kaninchen-Antikörper TREK-1 (H75) der Firma Santa Cruz Biotechnology (sc-50412) in einer 1:500 fachen Verdünnung eingesetzt. Nach erneuten Waschschritten mit TBS-Tween-20 (3x für 5 min), um spezifisch gebundene Antikörper von der Membran zu entfernen, wurde der jeweilige Sekundärantikörper (Anti-Rabbit-HRP 16.9.96) in der 1:2000-fachen Verdünnung für eine Stunde bei Raumtemperatur inkubiert. Im Anschluss folgten weitere drei Waschschritte mit TBS-Tween-20.

3.2.2.6 Nachweis von Protein auf PVDF-Membranen mittels ECL-Reagenz

Die Interaktion der an den sekundären Antikörper gekoppelten Meerettichperoxidase mit dem ECL (Enhanced Chemoluminescens Reagenzien) (Biorad, Hercules, Californien, USA), erzeugt eine Lumineszenz, die auf Röntgenfilmen eine Schwärzung nach sich zieht. Die Flüssigkeit auf der Membran wurde kurz abgetropft und die Membran auf eine Saranfolie gelegt. Je 1 ml des ECL 1 und 1 ml des ECL 2 Reagenz wurden gemischt, auf die Membran gebracht und dort 1 min belassen.

Anschließend wurde die Flüssigkeit abgetropft, die Membran in Klarsichtfolie eingeschlagen, in der Fotokasette befestigt, der Röntgenfilm je nach Stärke des Signals zwischen 10 sek und 2 min aufgelegt und anschließend automatisiert mithilfe des Filmentwicklers Curix 60 entwickelt.

3.2.3 Elektrophysiologie

3.2.3.1 Xenopus laevis als heterologes Expressionssystem

Die *Xenopus laevis* Oozyte ist eine omnipotente und undifferenzierte Zelle. Aufgrund ihrer Größe ist es sehr einfach Manipulationen wie z.B Mikroinjektionen (Gurdon et al., 1971) vorzunehmen oder Methoden wie die „Zwei-Elektroden Spannungsklemme" an ihr durchzuführen. Die Eigenschaft posttranskriptionale Modifikationen an Proteinen durchzuführen (Lane et al., 1983), welche im Gegensatz zur Proteinbiosynthese von Bakterien steht, macht sie zu einem wichtigen Instrument zur Erforschung von Membranproteinen. Neben ihrer Größe hat die *Xenopus laevis* Oozyte noch den Vorteil unter nicht sterilen Bedingungen kultiviert werden zu können, was eine Verringerung an Materialkosten und eine große zeitliche Ersparnis bedeutet.

Mikroinjektion der Oozyten

Unter stereomikroskopischer Kontrolle wurde die cRNA mit Hilfe der Mikroinjektionspumpe Drummond Nanoject in die Oozyten injiziert.

Zuvor wurden die dabei verwendeten Borosilikatkapillaren mit dem Mikropipetten Puller P-97 Flaming/Brown automatisch gezogen. Die ausgezogene Spitze wurde mit einer Trabikularschere abgeschnitten, so dass der Außendurchmesser an der Spitze ca. 2-5 µm beträgt. Diese Kapillaren wurden dann luftblasenfrei mit Mineralöl gefüllt und auf die Spitze des Injektors gesteckt. Die cRNA wurde aufgezogen und jeweils mit der zuvor festgelegten definierten Menge in die Oozyten injiziert.

Nach der Injektion wurden die Oozyten in 24-Well-Gewebekulturplatten im Brutschrank bei 19°C gelagert. Je nach Protein dauert es 1-4 Tage bis die entsprechenden Ionenströme gemessen werden können. Bei allen K_{2P}-Konstrukten betrug die Expressionszeit 48 Stunden.

3.2.3.2 *Zwei-Elektroden-Spannungsklemme (TEVC)*

Mit der Spannungsklemme (voltage clamp), die Ende der dreißiger Jahre von K.S.Cole und H.J. Curtis entwickelt wurde, konnte die Membranleitfähigkeit elektrisch erregbarer Zellen untersucht werden. Dies diente als Grundlage für A.L. Hogkin und A.F. Huxley, die 1952 zeigen konnten, dass die elektrische Erregbarkeit und die Entstehung des Aktionspotentials auf spezifische Änderungen der Leitfähigkeiten von Natriumionen zurückzuführen sind.

Bei der TEVC-Methode wird mit zwei intrazellulären Elektroden gearbeitet. Die Hauptaufgabe hierbei besteht darin, die Änderung des Membranpotentials der gemessenen Zelle zu verhindern. Dabei wird das Membranpotential der Zelle auf einen vorher ausgewählten Wert eingestellt (geklemmt). Zur gleichen Zeit wird der Strom gemessen, der appliziert werden muss, um die Zelle auf dem gewünschten Potential halten zu können. Der Kompensationsstrom ist genauso groß wie der Strom, der durch die Membran fließt, ist diesem aber entgegengesetzt.

Der gemessene Kompensationsstrom ist ein direktes Indiz für die Leitfähigkeit der Zellmembran, die wiederum von Ionenkanälen und Transportern abhängig ist.

Mit dieser Methodik ist es möglich sehr stabil (Minuten bis Stunden) den induzierten Strom zu messen.

3 Material und Methoden

3.2.3.3 Aufbau des Messplatzes

Die Grundausstattung des TEVC-Messplatzes setzte sich aus einem Stereomikroskop (Stemi SV 11), Mikromanipulator, Pipetten und Pipettenhalter sowie einem Verstärker (Turbo Tec-10cx) mit angeschlossenem Computer zusammen.

Über Mikromanipulatoren war eine dreidimensionale Bewegung der Glaselektroden möglich. Die Glasrohlinge wurden mittels des L/M-3P-A Pipettenziehgeräts in zwei Schritten gezogen und anschließend an einem Metalldraht die Spitze abgebrochen. Die fertigen Glaselektroden wurden mit 3 M KCl-Lösung luftblasenfrei befüllt und auf der Halterung angebracht. Als Elektrodendrähte dienten chlorierte Silberdrähte, die nach einigen Messungen jeweils neu beschichtet werden mussten. Vor jeder Messung wurden nach dem Eintauchen der Glaselektroden in die Badlösung die Widerstände der beiden Glaselektroden (zwischen 0,3 – 2,5 MΩ) überprüft und ein Strom- sowie Spannungsabgleich vorgenommen.

Das Einstechen der beiden Glaselektroden in die Oozyten, die sich in der Mitte der Apparatur befinden, wurde unter dem Stereomikroskop kontrolliert. Die Oozyten wurden während des gesamten Experiments konstant von der entsprechenden Badlösung umspült, wobei die Fließgeschwindigkeit der Lösung durch das angeschlossene Perfusionssystem gesteuert wurde.

3.2.3.4 Spannungsprotokolle der Pulsmessungen

Jeder Kanal in einer Zellmembran zeigt unterschiedliche, für den jeweiligen Kanal charakteristische Kurvenverläufe. In dieser Arbeit wurden zwei verschiedene Protokolle befolgt: Spannungsrampen und Spannungssprünge.

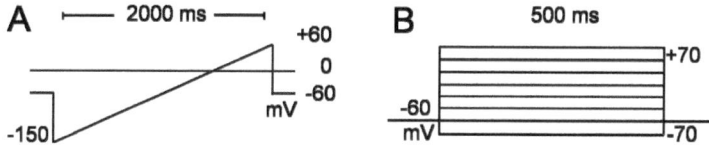

Abbildung 8: Spannungsrampen und Spannungssprünge. A Spannungsrampe: Bei diesem Protokoll werden die Oozyten auf -150 mV hyperpolarisiert und anschließend innerhalb von zwei Sekunden mit konstanter Potentialänderung auf +60 mV depolarisiert. B Spannungssprünge: Vom Haltepotential ausgehend werden die Oozyten auf bestimmte Spannungsstufen geklemmt (IV) Ausgehend von -60 mV werden zwanzig Spannungsstufen durchlaufen, wobei jede Spannung für 500 ms gehalten wird. Bei diesem Protokoll werden in 10 mV-Schritten die Stufen von -70 mV bis +70 mV geklemmt.

3.2.4 HEK-293 Zellen als heterologes Expressionssystem

„Human-embryonic-Kidney-Cells", kurz HEK (Abbildung 9), haben gegenüber dem Oozyten Zellsystem entscheidende Vorteile von Säugerzellen. Diese spiegeln für klinisch relevante Targets vermutlich genau die Umgebung wider, die dem physiologischen Zustand in menschlichen Geweben am nächsten kommt. HEK-293 Zellen sind als heterologes Expressionssystem gut geeignet, da sie schnell wachsen, leicht transfiziert werden können und das gewünschte Kanalprotein in ausreichenden Mengen produzieren. Die HEK-293 Zellen waren hauseigen und wurden bis zur Vewendung in flüssigem Stickstoff tiefgefroren. Die Kultivierung der Zellen erfolgte in Dulbecco`s modifiziertem Eagle Medium (Gibco BRL, Eggenstein), das mit fetalem Kälberserum (Endkonzentration 10%), 50 µg/ml Streptomycin sowie 50 U/ml Penicillin ergänzt wurde. HEK-293 Zellen sind semi-adhärente humane embryonale Nierenzellen (Graham, 1977). Die Kultivierung der Zellen erfolgte bei 37°C im CO_2-Inkubator (5%). Passagiert wurden sie alle 3 Tage mit 2,0 ml einer Trypsin-EDTA-Lösung (Gibco BRL, Eggenstein). Die Reaktion wurde mit Zellkulturmedium gestoppt, die Zellsuspension sedimentiert (2 Minuten, 900 rpm) und ein Fünftel der Zellen nach wiederholtem Waschen mit Medium neu in Petrischalen eingesät.

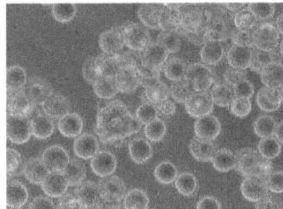

Abbildung 9: HEK-293 ist eine humane Zelllinie. Sie wurde als Transformationsprodukt einer menschlichen embryonalen Nierenzelle (Human Embryonic Kidney) mit DNA-Teilen des menschlichen Adenovirus 5 geschaffen. (Bildquelle: upload.wikimedia.org/wikipedia/commons/8/8b/HEK293.JPG)

<u>Transiente Transfektion der HEK-293-Zellen mit K_{2P}-Kanälen</u>

Für die Transfektion der Zellen wurde Lipofectamine™ 2000-Reagent (Invitrogen, Karlsruhe) verwendet. Transfiziert wurden die auf Poly-L-Lysine beschichteten Cover Slips (Glasplättchen) in einer 3,5 cm^2 großen Petrischale (Nunc) kultivierten Zellen, wenn diese eine Konfluenz von 60-80% erreicht hatten. Die Transfektion erfolgte innerhalb 60 Minuten in antibiotikafreiem Medium (DMEM) mit je 3,6 µg pcDNA3, 0,9 µg GFPpcDNA3 und 12,5 µl Lipofectame™ 2000, gelöst in jeweils 250 µl Optimem 1.Die Zellen wurden 48 Stunden nach der Transfektion für die Patch-Clamp-Untersuchungen genutzt.

3 Material und Methoden

3.2.4.1 Die Patch-Clamp Technik (whole-cell)

Die von Neher und Sakmann (Neher und Sakmann, 1976) entwickelte Patch-Clamp-Technik ermöglicht es, sowohl Membranströme der gesamten Zellmembran als auch den Strom einzelner Ionenkanäle zu messen (Überblick s. Hamill et al., 1981).

Bei dieser Technik wird eine Glasmikroelektrode (Spitzendurchmesser: 1-2 µm) in sehr engen Kontakt mit der Zellmembran gebracht. Die stabile Glas-Membran-Verbindung mit Widerständen im Gigaohm-Bereich bewirkt durch die elektrische Abschirmung des Membranstückes von seiner Umgebung ein sehr gutes Signal-Rausch-Verhältnis. Die mechanische Stabilität dieser Glas-Membran-Verbindung erlaubt es auch, weitere mechanische Manipulationen durchzuführen, ohne die hochohmige Verbindung zu zerstören. Zur Untersuchung des durch die gesamte Zellmembran fließenden Stromes („whole-cell"-Konfiguration) wird durch die gesamte Zellmembran fließenden Stromes liegende Membranstückchen zerrissen und man erhält einen niederohmigen Zugang zum Zellinneren.

Während der Ganzzellableitung tauscht sich die Pipettenlösung durch Diffusion rasch mit dem Zytoplasma aus, so dass die intrazellulären Ionenverhältnisse durch die Pipettenlösung vorgegeben werden. Das Potential der untersuchten Zelle wird konstant gehalten und der dazu notwendige Kompensationsstrom gemessen. Die gleichzeitige Strommessung und Potentialkontrolle wird durch eine Strom-Spannungswandlung bewerkstelligt, dessen wichtigste Komponenten der Operationsverstärker (OPA) und der Referenzwiderstand sind. Der Verstärker misst am Eingang kontinuierlich das Membranpotential der untersuchten Zelle (U_{pip}), die der Pipettenspannung entspricht, und vergleicht den Wert mit der Kommandospannung (U_{soll}), die von der Steuereinheit vorgegeben ist. Bei Übereinstimmung fließt kein Strom durch das System. Bei Abweichungen der Werte durch Änderung von entweder U_{pip} oder U_{soll} entsteht am Verstärkerausgang eine Spannung, die dieser Differenz proportional und extrem verstärkt ist. Nun fließt aufgrund der Spannungsdiferenz zwischen Punkt 1 und Punkt 2 solange ein Strom über den Referenzwiderstand, bis die Spannungsdifferenz am Verstärkereingang aufgehoben ist. Erst mit Hilfe des Referenzwiderstandes ist eine Reaktion auf Spannungswechsel im Mikrosekundenbereich (µs) möglich, was unerlässlich für hohe zeitliche Auflösung bei der Strommessung ist. Störgrößen wie die Membrankapazität, die Pipettenkapazität oder die Eigenkapazität von R_f werden über weitere kompensatorische Rückkopplungskreise kompensiert.

3 Material und Methoden

Nachdem die Patchpipette auf die Zelle aufgesetzt wurde (Abbildung 10), stellt man durch vorsichtiges Saugen einen engen Pipetten-Membran-Kontakt (Gigaseal) her. Durch starkes Saugen kann das Membranstück unter der Patchpipette zerstört werden. Man erhält dann einen leitenden Zugang zur gesamten Zelle und kann die Summenströme der gesamten Zellmembran untersuchen („Whole-cell" Konfigration).

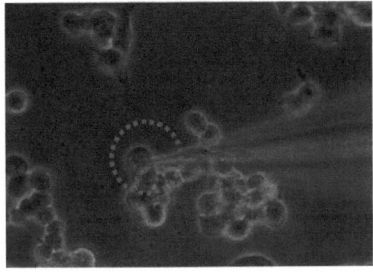

Abbildung 10: Membranpatch. Wenn eine Pipette auf die saubere Oberfläche einer HEK-293 Zelle in einer gefilterten Lösung gesetzt wird und zudem ein leichter Unterdruck an das Pipetteninnere gelegt wird, können sich spontan Seal-Widerstände zwischen 1-100 GΩ ausbilden.

Patch-Clamp Elektroden

Die Elektroden wurden aus Borosilikatglas (Hilgenberg, Malsfeld) mit einem horizontalen Elektrodenziehgerät (Modell P-2000, Sutter Instruments, Novato, USA) gezogen. Für die Ganzzellableitungen wurden Pipetten aus dünnwandigem Glas (Außendurchmesser 1,5 mm, Innendurchmesser 0,9 mm) mit Pipettenwiderständen von 2-5 MΩ verwendet.

Messplatz

Für die Patch-Clamp-Messungen wurde eine Messapparatur bestehend aus einem inversem Mikroskop (Zeiss, Göttingen), einem Mikromanipulator mit Meßpipettenhalter (Spindler & Hoyer, Göttingen) und einem Patch-Clamp-Verstärker (EPC-9, Heka Elektronic, Lambrecht) aufgebaut. Für die elektrophysiologischen Ableitungen wurden die auf Deckgläschen kultivierten Zellen in einem Petrischalen Deckel (Nunc, 3,5 cm) auf den Mikroskop-Kreuztisch transferiert, der kontinuierlich mit Badlösung durchspült wurde. Über das Perfusionssystem wurden auch die Antidepressiva-Lösungen appliziert.

Als Elektroden wurden Ag/AgCl-Elektroden verwendet, die Referenzelektrode befand sich in der mit Badlösung durchspülten Messkammer, die Messelektrode in der mit Pipettenlösung gefüllten Messpipette.

Die Zellen wurden über das Mikroskop-Objektiv ausgewählt und die Messpipette mit Hilfe des Mikromanipulators auf die Zellmembran aufgesetzt. Durch leichtes Ansaugen wurde dann eine stabile Glas-Membran-Verbindung im GΩ-

Bereich hergestellt. Die Membranströme der Zellen wurden mit einem EPC-9 Verstärker (Heka Elektronic, Lambrecht, BRD) verstärkt, mit 10 kHz aufgenommen, mit einem 3 kHz Tiefpass-Filter gefiltert, digitalisiert und auf der Festplatte eines Computers gespeichert. Da die Kapazität der Zellmembran Spannungsänderungen durch Umladeströme entgegenwirkt und damit eine zeitliche Verzögerung bewirkt, wurde eine automatische Kapazitätskompensation durchgeführt.

Die Aufnahme und Auswertung der Daten sowie die Ansteuerung des Verstärkers erfolgte mit dem Programm „Pulse"(Heka Electronic, Lambrecht). Es wurden verschiedene Spannungsprotokolle (s.u.) zur Stimulation von Membranströmen verwendet. Der Aufbau eines Patch-Clamp-Messplatzes ist in Abbildung 11 schematisch dargestellt.

Die Zellen befinden sich unter dem Mikroskop in einer kontinuierlich von Badlösung durchströmten Kammer. In der Patchpipette befindet sich die Messelektrode, die mit dem Patch-Clamp-Verstärker verbunden ist, die Referenzelektrode befindet sich in der Messkammer. Der Verstärker stellt ein bestimmtes Potential (Haltepotential) zwischen den Elektroden ein und misst den fließenden Strom.

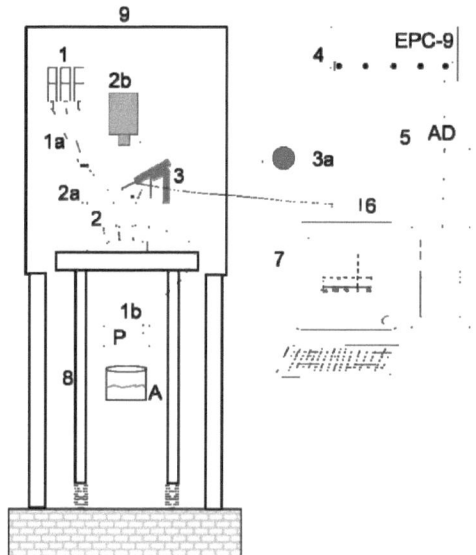

Abbildung 11: Vereinfachtes Schema des Patch-Clamp-Experimentaufbaus
(1) Perfusionssystem mit Badlösung und Antidepressiva-Lösungen mit zuführendem Schlauch(a) und abführendem Schlauch(b) mit Pumpe(P) und Abfallgefäß(A), (2) Invertmikroskop mit Perusionskammer(a) und Lichtquelle(b), (3) Mikromanipulatoreinheit mit Patchpipette und Referenzelektrode und hydraulischer Feineinstellung(a), (4) Patch-clamp-Verstärker EPC-9, (5) AD/DA-Wandler, (6) Schlauchsystem für Pipettendruck, (7) Computer mit PULSE-Software zur Datenaufnahme und Analyse, (8) schwingungsgedämpfter Tisch, (9) Faradaykäfig (angepasst nach Rosenthal, 2000)

Spannungssprungprotokolle

Zur Charakterisierung der K_{2P}-Kanäle in einer Kontrolllösung und nach der Applikation von Antidepressiva wurden drei unterschiedliche Spannungsprotokolle verwendet (Abbildung 9).

1) Spannungssprünge:
Ausgehend vom Haltepotential von -70 mV wurde die Membran für jeweils 50 ms nacheinander auf 10 depolarisierende und 5 hyperpolarisierende Potentiale geklemmt. Das Spannungsintervall betrug pro Sprung 10 mV.

2) Spannungsrampen
Ausgehend vom Haltepotential von -70 mV, wurde das Pipettenpotential innerhalb von 200 ms kontinuierlich von -150 mV auf +60 mV variiert.

3) Protokoll zur kontinuierlichen Messung beim Haltepotential von +30 mV

4 Ergebnisse

4.1 Antidepressiva blockieren K_{2P}-Kanäle

Das erste Ziel dieser Arbeit bestand in der Überprüfung der Sensitivität von K_{2P}-Kanälen TASK-1, THIK-1 und TREK-1 auf Antidepressiva. Für diese quantitativen Analysen eignete sich das Oozyten Expressionssystem besonders gut.

Hierbei wurden die Oozyten mit TEVC auf ein Haltepotential von -60 mV geklemmt und eine Reihe von Antidepressiva unterschiedlicher Konzentrationen appliziert. Die Veränderungen des K^+-Auswärtsströme wurden vor und nach der Applikation gemessen und die Veränderung bei einem Potential von +30 mV ermittelt. Vor und nach jeder Antidepressivaapplikation wurden die Strom-Spannungs- Verhältnisse in einer externen Kontrolllösung (ND96) gemessen. Es wurden nur Zellen mit einem konstanten Umkehrpotential zwischen -60 mV und -100 mV während der Messungen ausgewertet.

4.1.1 Inhibition des TASK-1 Kanals

1-3 Tage nach der Injektion von TASK-1 cRNA in die *Xenopus* Oozyten zeigten sie nach depolarisierendem Spannungspuls (TEVC) einen Basis-Auswärtsstrom von 5,5 µA ± 3,7 (n=35).

Zuerst wurde die Inhibition des TASK-1 Kanals nach der Applikation von Fluoxetin (SSRI), anschließend von Maprotilin (TZA) untersucht. Alle Antidepressiva Lösungen wurden mit der Kontrolllösung ND96 angesetzt. Die Badapplikation von Fluoxetin (10 -1000 µM) erzeugte eine Konzentrations-abhängige Inhibition der TASK-1 Ströme (Abbildung 12), die nach dem Waschen in Kontrolllösung reversibel war. Die maximal verwendete Antidepressiva Konzentration lag bei den Oozyten Experimenten bei 1 mM. Hierbei führte Fluoxetin (1 mM) zu einer 77,8 ± 7,1 %igen (n=21) Inhibition des durchschnittlichen Gesamtstroms.

4 Ergebnisse

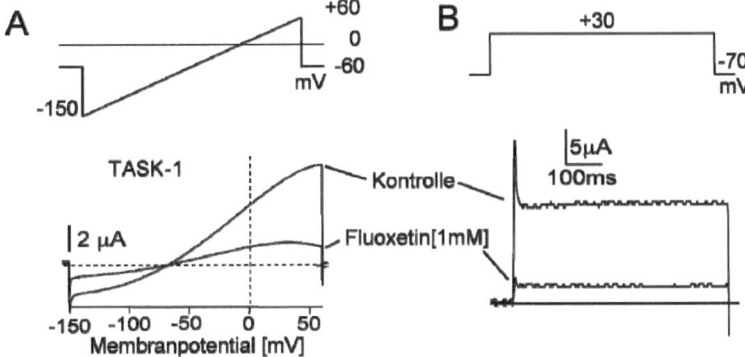

Abbildung 12: Ganzzellableitungen an *Xenopus laevis* Oozyten, welche TASK-1 exprimieren, in einer physiologischen Kontrolllösung und nach der Applikation von Fluoxetin (1mM). Das Antidepressivum blockiert den Kanal und verringert die Stromamplitude. A: Die Strom-Spannugskurve folgt dem für einen auswärts gerichteten K^+-Strom typischen Verlauf. Die Spannung wurde auf ein Haltepotential von -60 mV geklemmt. Während der Rampenmessung wurde die Membran ausgehend von -150 mV auf +60 mV depolarisiert. B: Ausgehend vom Haltepotential von -60 mV wurden 500 ms andauernde Spannungssprünge auf 8 verschiedene Membranpotentiale (-70 mV bis +70 mV) aufgenommen. Zur Verdeutlichung sind in der Abbildung die Spannungssprünge bei +30 mV in der Kontrolllösung und nach der Applikation von Fluoxetin (1mM) gezeigt. Bei diesem Potential wurden auch die Ganzzellströme ausgewertet.

Die Dosis-Wirkungskurve (Abbildung 13 A) mit Fluoxetin ergab eine halbmaximale Inhibition (IC_{50}) von 137 ± 24,1 µM und einen Hill-Koeffizienten von 1,1± 0,2. Auch die Badapplikation von Maprotilin (10-1000 µM) erzeugte eine konzentrationsabhängige, reversible Inhibition wobei sich dieses Antidepressivum als potenter erwies. Maprotilin (1mM) verringerte den durchschnittlichen Gesamtstrom um 73,9 ± 3,2 % (n= 12). Die Dosis-Wirkungskurve (Abbildung 16 B) ergab eine halbmaximale Inhibition (IC_{50}) von 50,6 ± 34,8 µM und einen Hill-Koeffizienten von 0,6 ± 0,7.

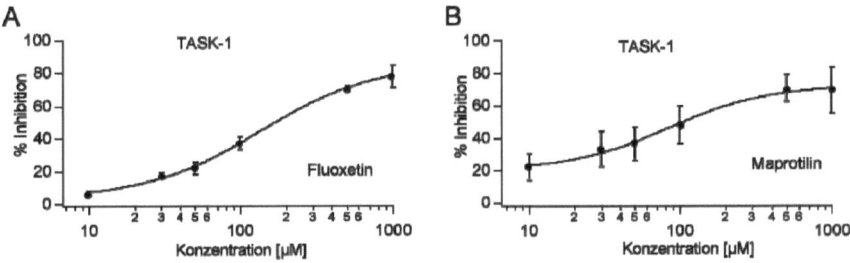

Abbildung 13: Antidepressiva inhibieren TASK-1 konzentrationsabhängig. Dosis-Wirkungskurven zeigen die Inhibition(%) von TASK-1 in Oozyten durch (A) Fluoxetin und (B) Maprotilin (10-1000 µM). Das TZA Maprotilin ist potenter.

4.1.2 Inhibition des THIK-1 Kanals

Der zweite K_{2P}-Kandidaten-Kanal im Herzen war THIK-1 aus der Ratte. THIK-1 zeigte einen durchschnittlichen Auswärtsstrom von 4,2 ± 2,0 µA. Dieser erwies sich im Vergleich zu TASK-1 als weniger sensitiv gegenüber Antidepressiva. Fluoxetin (1mM) inhibierte THIK-1 zu 54,3 ± 3,4% (n=10), in der Konzentration 500 µM zu 31,7 ± 2,8% (n=11), in der Konzentration 100 µM zu 23,6 ± 4,9% (n=10), in der Konzentration von 50 µM zu 12,7 ± 2,5 % (n=8) und in der Konzentration von 10 µM zu 11,9 ± 1,4 % (n=6; Abbildung 14 B).

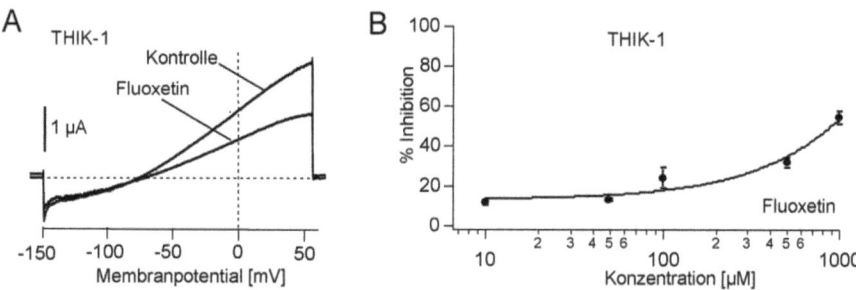

Abbildung 14: Fluoxetin inhibiert THIK-1 konzentrationsabhängig. A: Strom-Spannungskurven von THIK-1 nach Fluoxetin-Applikation und in Kontrolllösung B: Dosis-Wirkungskurve zeigt die Inhibition (%) von THIK-1 in Oozyten durch Fluoxetin (10-1000µM).

Der humane THIK-1 zeigte einen durchschnittlichen Auswärtsstrom von 5,8 ± 0,9 µA (n=12) und entsprach in der Sensitivität gegenüber Fluoxetin etwa THIK-1 aus der Ratte. Fluoxetin (1 mM) inhibierte den humanen Kanal 46,1 ± 1,1% (n=10). Weitere Experimente mit Maprotilin führten zur Inhibition von 44,5 ± 4,5 % (n=9).

4.1.3 Inhibition des TREK-1 Kanals

TREK-1 spielt eine Rolle bei Depressionen wie mehrere Studien zeigen konnten, (Kennard et al., 2005, Heurteux et al., 2006) und deshalb lag das größte Interesse an diesem Kanal. TREK-1 zeigte wie auch bei Liu et al. (2007) in den ersten 10 min der Messung einen starken „run up", d.h. der Strom vergrößerte sich kontinuierlich, mitunter von 6,2 ± 1,6 µA (n=42) um das Dreifache (Abbildung 15). Dies machte Messungen mit geringen Antidepressiva Konzentrationen äußerst schwierig. Aus diesem Grund wurden nur Messungen ausgewertet, die vor und nach der Antidepressiva Applikation einen konstanten Kontrollstrom zeigten.

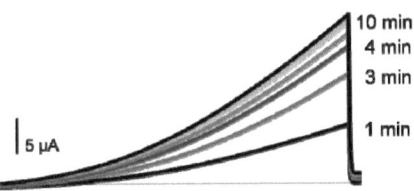

Abbildung 15: „run-up" des humanen TREK-1. Der Auswärtsstrom vergrößerte sich unter Umständen in den ersten 10 Minuten der Messung von 6,2 ± 1,6 µA um das Dreifache.

Die Badapplikation von Fluoxetin (10-1000 µM) erzeugte auch hier eine reversible, konzentrationsabhängige Inhibition des TREK-1 Kanals. Die Dosis-Wirkungskurve ergibt eine halbmaximale Inhibition bei 81,4 ± 7,9 µM (Mittelwert ± Stabw) und einen Hill-Koeffizienten von 1,1 ± 0,1 (Abbildung 17 A).

Das tetrazyklische Maprotilin (10-1000 µM) inhibierte den Kanal ebenfalls mit einem IC_{50} von 58,8 ± 15,7 µM (Mittelwert ± Stabw) und einen Hill-Koeffizienten von 1,4 ± 0,5 (Abbildung 17 B). Maprotilin (1mM) erwies sich potenter als Fluoxetin und verringerte die Stromamplitude von TREK-1 um 77,8 ± 2 % (n= 10)(Abbildung 16 C), Fluoxetin (1mM) inhibierte den Kanal um 76,4 ± 2,6 % (n=21) (Abbildung 16 A, C).

In weiteren Experimenten sollte auch die Interaktion mit Psychopharmaka aus verschiedenen Stoffgruppen untersucht werden. Die Badapplikation von Citalopram (10-1000 µM), einem Antidepressivum der SSRI-Gruppe erzeugte eine konzentrationsabhängige Inhibition der TREK-1 Ströme (Abbildung 17 B), die nach dem Auswaschen in Kontrolllösung reversibel war. Die Dosis-Wirkungskurve ergab eine halbmaximale Inhibition von 189,5 ± 17,2 µM (Mittelwert± Stabw.) und einen Hill-Koeffizienten von 2,1 ± 0,4. Das TZA Doxepin (10-1000 µM) war reversibel und inhibierte TREK-1 maximal zu 76.6 %. Daraus errechnete sich ein IC_{50} Wert von 243,8 ± 31,8 µM und ein Hill-Koeffizient von 0,7 ± 0,05. Reversibel, jedoch nicht in H_2O-löslich war auch Mirtazapin (10-1000 µM), ein sogenanntes NaSSA. Das Antidepressivum hatte einen IC_{50}-Wert bei 129,5 ± 8,9 und einen Hill-Koeffizienten bei 0,9 ± 0,8. In der Inhibitionsstärke nach der Applikation der Konzentration von 1mM befanden sich das SSRI Citalopram, das NaSSA Mirtazapin und das TZA Doxepin im Mittelfeld (Abbildung 16 C). Citalopram (1mM) verringerte ähnlich wie das SSRI Fluoxetin die TREK-1 Stromaplitude um 70,8 ± 3,1 % (n= 8), Mirtazapin um 64,6 ± 4,3 % und Doxepin um 53,4 ± 4,7 % (n=10).

Venlafaxin (10-1000 µM), ein Antidepressivum der Stoffgruppe SNRI, das erst seit wenigen Jahren auf dem Markt ist, interagierte kaum mit TREK-1 und inhibierte den Kanal mit einer halbmaximalen Inhibition bei 116,7 ± 102 µM und einem Hill-Koeffizienten von 0,8 ± 0,8 (Abbildung 17 F). Nach der Applikation von Venlafaxin (1mM) verringerte sich die Stromamplitude um 29,38 ± 2,1 % (n=10, p<0,01, Abbildung 16 B, C), bei 100 µM um 15,8 ± 8,2 % (n=9).

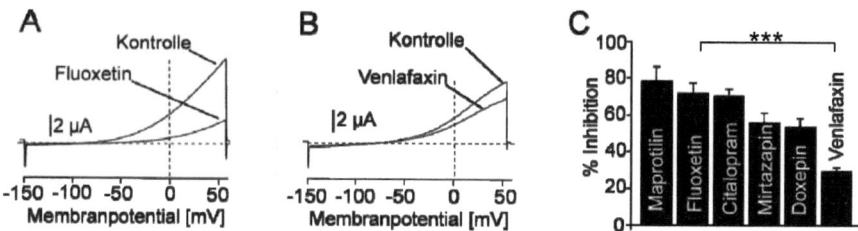

Abbildung 16: A: Strom-Spannungsrampe von WT in einer Kontrolllösung und nach der Applikation von Fluoxetin (1mM). B: Strom-Spannungsrampe von WT vor und nach der Applikation von Venlafaxin (1mM). C: Balkendiagramm vergleicht Inhibitionen von WT durch verschiedene Antidepressiva in der Konzentration 1 mM. Venlafaxin blockiert den Kanal nur sehr gering.

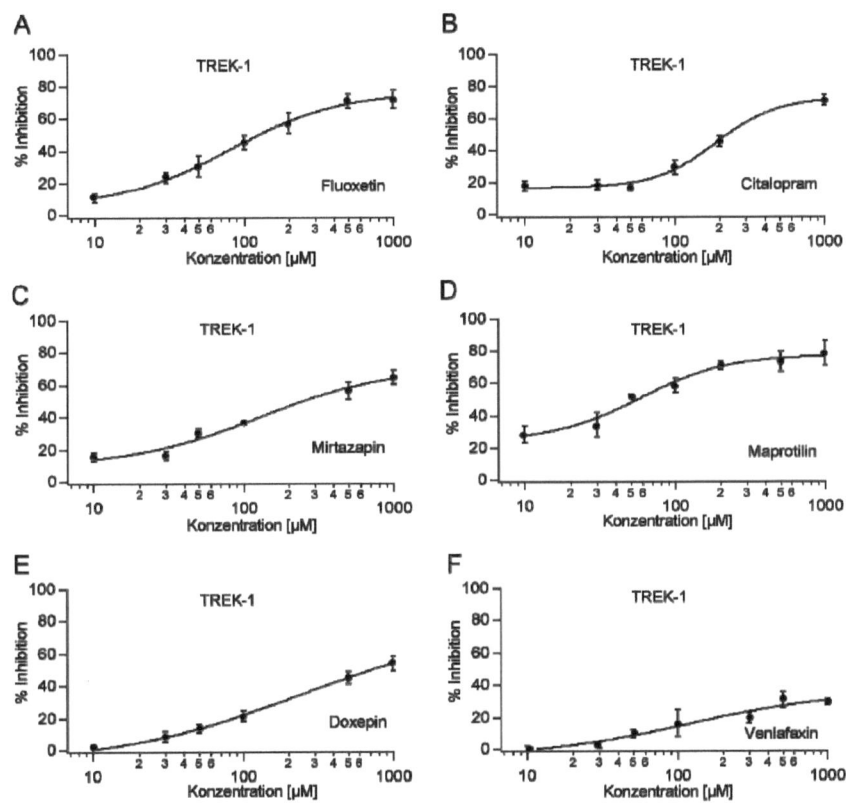

Abbildung 17: TREK-1 [WT], deprimiert in Oozyten wird durch Antidepressiva unterschiedlicher Stoffgruppen blockiert. Konzentrationsabhängige Dosis-Wirkungskurven aller untersuchten Antidepressiva. A: Fluoxetin. B: Citalopram. C: Mirtazapin. D: Maprotilin. E: Doxepin. F: Venlafaxin.

Die höchste, verwendete Antidepressiva Konzentration von 1mM entsprach auch meistens der maximalen Kanalblockade und Inhibition der Stromamplitude. Selbst eine Komplikation des Kanalblockers Bupivacain (1mM) mit Fluoxetin (1mM) verringerte den Durchschnittsstrom nur um 7 % mehr als ohne und inhibierte TREK-1 zu 83,5 ± 3,7 % (n=13).

Kir 2.1, ein einwärts gleichgerichteter Kaliumkanal, welcher sowohl im Nervensystem als auch in Kardiomyozyten exprimiert wird, zeigt kaum einen Effekt nach Fluoxetin Applikation. Die Stromamplitude wird durch Fluoxetin (100 µM) maximal zu 3% (n=3) inhibiert (Abbildung 18 B).

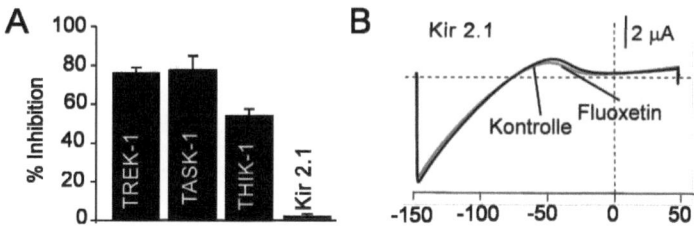

Abbildung 18: Der Kaliumkanal Kir 2.1 wird nicht durch Fluoxetin blockiert. A: TREK-1 und TASK-1 verhalten sich gegenüber dem Antidepressivum ähnlich sensitiv, THIK-1 interagiert wenig mit Fluoxetin und bei Kir 2.1 konnte nach der Applikation von Fluoxetin keine signifikante Reaktion festgestellt werden. B: Strom-Spannungsrampe von Kir 2.1 in einer Kontrolllösung und nach der Applikation von Fluoxetin (1mM).

TREK-1 Isoform A

Die Messenger RNA von TREK-1 erzeugt mehrere Splice Varianten, die sich in ihrer Proteinsequenz am N-terminalen Ende unterscheiden. In dieser Arbeit wurde hauptsächlich TREK-1 in der Splice- Variante C verwendet. Insgesamt sind bisher fünf Splice-Varianten des K_{2P}-Kanals beschrieben, welche mit den Buchstaben A-E gekennzeichnet sind. In einigen Kontrollexperimenten wurde die Sensitivität von TREK-1 A gegenüber Antidepressiva unterschiedlicher Stoffklassen untersucht. Das TZA Doxepin in der Konzentration 1mM inhibiert den Auswärtsstrom von TREK-1 A um 62,5 ± 3,9 %, das SSRI Citalopram (1mM) inhibiert TREK-1 A um 48,1 ± 3,9 % und das SNRI Venlafaxin um 31,3 ± 3,3 %. Diese Ergebnisse von TREK-1A unterscheiden sich nicht signifikant von TREK-1C, weshalb in dieser Arbeit nicht weiter auf die übrigen Splice Varianten B, D und E eingegangen wird.

4.1.4 Koapplikations-Studien

Mit Hilfe dieser Experimente sollte untersucht werden, ob Antidepressiva unterschiedlicher Stoffklassen den gleichen Angriffspunkt am Kanalprotein nutzen. Dazu wurden das SSRI Fluoxetin und das TZA Maprotilin in der halbmaximalen Konzentration (IC_{50}) appliziert, zuerst einzeln, danach in einer Doppelapplikation (Verhältnis 1:1; Abbildung 19). TREK-1 wurde durch Fluoxetin (80 µM) zu 41,6 ± 3,4 % (n= 10) und durch Maprotilin (60 µM) ähnlich zu 41,4 ± 3,2 % (n= 10) inhibiert. Die Koapplikation beider Antidepressiva führte im Mittel zu einer Verringerung der Stromamplitude von 51,7 ± 4,6 % (n=24). Dieser Wert unterscheidet sich statistisch nicht signifikant von denen der Einzelapplikationen, was darauf schließen lässt, dass Fluoxetin und Maprotilin an der gleichen Stelle am TREK-1 Kanalprotein angreifen. Hätten sie unterschiedliche Interaktionsstellen am Protein, müsste die

Stromamplitude bei Doppelapplikation mehr als halbmaximal inhibiert sein. Auch die kombinierte Applikation von Fluoxetin und Maprotilin in der maximal eingesetzten Konzentration von 1mM blockierte TREK-1 zu nur 80 ± 3,6 % (n= 11).

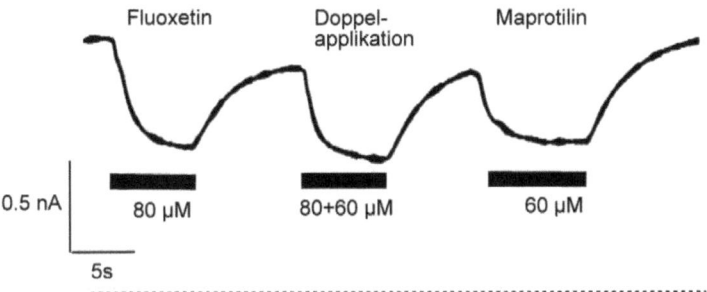

Abbildung 19: Die Doppelapplikation von Fluoxetin und Maprotilin erzeugt keine signifikant stärkere Inhibition als einzeln appliziert.

4.1.5 Kombination von Antidepressiva mit Benzodiazepinen

Lorazepam ist ein Arzneistoff aus der Gruppe der Benzodiazepine, welches wie alle Benzodiazepine eine anxiolytische, antikonvulsive, sedierende und muskelrelaxierende Wirkung besitzt. In Untersuchungen, bei denen Lorazepam in den Konzentrationen 1, 5 und 100 µM (n=25) appliziert wurde, konnte kein Effekt auf die Stromamplitude von TREK-1 [WT], exprimiert in Oozyten, hervor gerufen werden.

4.1.6 Rolle von TREK-1 bei der Schmerzwahrnehmung

Es gibt unumstritten eine neurobiologische und klinische Beziehung zwischen psychiatrischen Krankheiten und chronischem Schmerz (Borsook et al., 2007, Bras et al., 2010, Park et al., 2010, Saarto et al., 2010). Schon seit Jahrzehnten werden Patienten mit chronischen Schmerzen Antidepressiva verabreicht. Effektiv waren bisher hauptsächlich Psychopharmaka aus der Gruppe der trizyklischen Antidepressiva wie Amitryptilin (MAO-Hemmer), wobei auch Medikamente aus der Stoffgruppe SNRI kürzlich eine positive Wirkung zeigten (Marks et al., 2009).

Das TZA Amitryptilin war in unseren Versuchsreihen nicht vorgesehen, da wir uns in erster Linie auf die wirkungsvollsten Medikamente gegen Depression konzentrierten. Die Beziehung zwischen der psychiatrischen Krankheit und Schmerz ist jedoch so eng, dass TREK-1 in dieser Hinsicht sicher auch eine Rolle spielt. Aus diesem Grund wurde in wenigen Experimenten die Auswirkung von Amytriptylin auf TREK-1 untersucht. Amytriptylin (100 µM) inhibierte den TREK-1 Kanal, exprimiert in Oozyten, zu 47,9 ± 4.5 % (SEM; n=14).

4.1.7 Messung mit klinisch wirksamen Dosen

Die Antidepressiva Konzentrationen, welche bei Oozyten Experimenten verwendet wurden, entsprechen natürlich nicht den in der Klinik eingesetzten Dosen. Zu exakten Konzentrationsbestimmungen eignen sich Oozyten weniger. Die Antidepressiva Lösungen müssen zuerst die Vitellinmembran durchdringen bis es zur Kanalinteraktion kommt. Deshalb wurden für weitere Untersuchungen eine menschliche Zelllinie HEK-293 als Expressionssystem ausgewählt. Mithilfe der Patch-clamp Methode konnte man „whole-cell"-Messungen an den HEK-Zellen durchführen und Änderungen der Stromamplituden vor und während der Antidepressiva Applikation bestimmen. Zuerst wurde die Inhibition von TREK-1 durch Fluoxetin, Maprotilin und Venlafaxin in den Konzentrationen 10-100 µM untersucht. Danach wurden auch Experimente mit TASK-1 und THIK-1 durchgeführt.

<u>Inhibition des TREK-1 Kanals</u>

Die Badapplikation von Fluoxetin (10 -100 µM) erzeugte eine konzentrationsabhängige Inhibition der TREK-1 Ströme, die nach dem Waschen in Kontrolllösung reversibel war. Die Dosis-Wirkungskurve (Abbildung 20 B) ergab eine halbmaximale Inhibition (IC_{50}) von 29,5 ± 1,28 µM (Mittelwert± Stabw.) und einen Hill-Koeffizienten von 1,6 ± 1,28. Die Experimente an HEK-Zellen sind sensitiver und zeigen, dass im Vergleich zu Oozyten nur ein Zehntel der Maximalkonzentration eingesetzt werden muss, um die gleiche Inhibition der Kanäle zu erreichen. 100 µM Fluoxetin verringern die Stromamplitude von TREK-1 um 82,5 ± 7,3 % (n= 10; Abbildung 20 A), Maprotilin (100 µM; n=12) ist im Gegensatz zu den Oozytenmessungen weniger potent und bewirkt eine Inhibition von 60 ± 9,8 %. Der Effekt von Venlafaxin (100 µM; n=15) hat jedoch nicht überrascht. Das Antidepressivum inhibierte den Kanal im Mittel nur zu 7,5 ± 1,2 % ($p<0,01$; Abbildung 20 C).

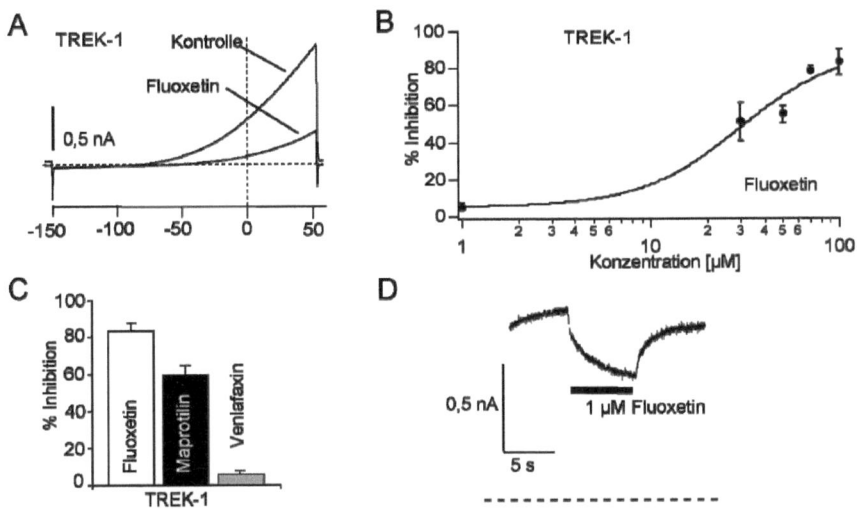

Abbildung 20: TREK-1 im Expressionssystem HEK-293 Zellen wird von Fluoxetin bereits in human- wirkungsspezifischen Konzentrationen inhibiert. A: 100 µM Fluoxetin verringern TREK-1 Amplituse um ca. 82%. B: Dosis-Wirkungskurve zeigt die konzentrationsabhängige Inhibition durch Fluoxetin (1-100 µM). C: Balkendiagramm vergleicht die schwache Inhibition von Venlafaxin (100 µM) mit TZA Maprotilin (100 µM) und SSRI Fluoxetin (100 µM). D: Die Applikation von nur 1 µM verursacht schon eine deutliche Inhibition.

Inhibition des TRESK-1 Kanals

TRESK-1, ein Kanal aus der K_{2P}-Familie, wird auch durch Antidepressiva inhibiert. Fluoxetin (100 µM) verringert den TRESK-1 Auswärtsstrom von durchschnittlich 0,6 ± 0,7 µA in HEK-293 Zellen um 78,6 ± 3,5 %, 50 µM um 67,7 ± 6,5 %, 30 µM um 48,8 ± 7,1 % und 10 µM um 14,7 ± 2,5 %. Dieser K_{2P}-Kanal spielt keine Rolle beim Krankheitsbild der Depression, übernimmt jedoch vermutlich eine Funktion bei der Schmerzwahrnehmung, worauf in der Diskussion näher eingegangen wird.

Inhibition des TASK-1 Kanals

Die Badapplikation von Fluoxetin (5-100 µM) erzeugte eine konzentrationsabhängige Inhibition des TASK-1 Kanals, die nach dem Waschen in Kontrolllösung reversibel war. Der IC_{50}-Wert liegt bei 69,9 µM und der Hill-Koeffizient bei 2,9 (Abbildung 24 B). Die Applikation von Fluoxetin in der maximal verwendeten Konzentration von 100 µM verringerte die TASK-1 Stromamplitude nur um 47,9 ± 3.7 % (n= 12, Abbildung 21 A).

4 Ergebnisse

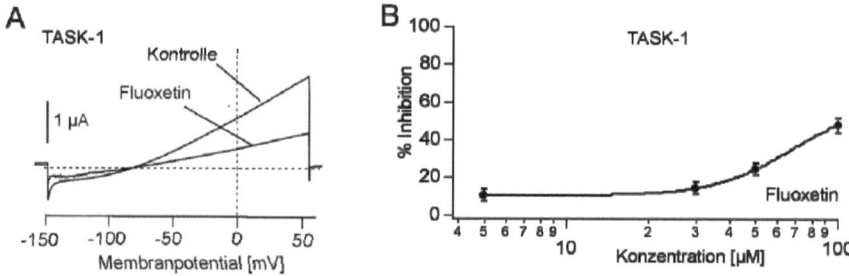

Abbildung 21: Fluoxetin Applikation inhibiert TASK-1 in HEK- Zellen: A: Strom-Spannungskurven von Task-1 nach Fluoxetin-Applikation und in einer Kontrolllösung. B:Dosis-Wirkungskurve von TASK-1 exprimiert in HEK-Zellen nach Fluoxetin-Applikation (5-100 µM).

Inhibition des THIK-1 Kanals

Ähnlich wie TASK-1 wurde auch THIK-1(durchschnittlicher Auswärtsstrom: 4,8 ± 2,6 nA, n= 18) nach der maximalen Fluoxetin-Applikation von 100 µM zu 48,4 ± 3,5 % (n= 12) inhibiert. Nach der Dosis-Wirkungskurve errechnete sich eine halbmaximale Inhibition von 45,8 ± 6,9 % und ein Hill-Koeffizient von 2,3 ± 0,8 (Abbildung 22 A).

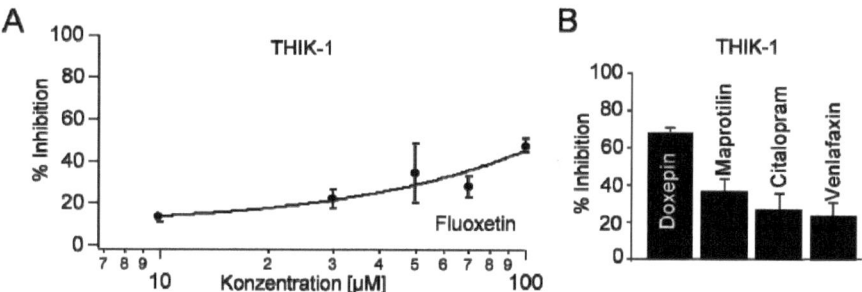

Abbildung 22: THIK-1 interagiert mit mehreren Antidepressiva. A: Dosis-Wirkungskurve von THIK-1 nach Fluoxetin Applikation (10-100 µM). B: Balkendiagramm vergleicht THIK-1 Inhibition durch Antidepressiva unterschiedlicher Stoffgruppen.

Zudem wurde noch der Effekt weiterer Antidepressiva auf den THIK-1-Kanal untersucht. Maprotilin (100µM) inhibierte den Kanal um 36,7 ± 4,4 % (n= 8), Doxepin (100 µM) um 66,6 ± 1,7 % (n= 11), Citalopram (100 µM) um 24,2 ± 8,4 % (n= 11) und Venlafaxin (100 µM) um 21,9 ± 5,2% (n= 10, Abbildung 22 B).

Nachdem mit Hilfe dieser Experimente eindeutig nachgewiesen wurde, dass es zweifellos eine Interaktion zwischen Antidepressiva und K_{2P}-Kanälen gibt, sollte die Interaktionsstelle untersucht werden.

4.2 Charakterisierung der Interaktionsstelle

Die folgenden Experimente zur Untersuchung der Interaktionsstelle basieren auf der Annahme, dass es eine direkte Wechselwirkung zwischen Zielprotein und Antidepressiva gibt. An einem K_{2P} Kanalprotein bieten sich für lipophile Substanzen zum einen die Porenregion als Bindungsstelle, zum anderen zwei intrazelluläre Schlaufen als Angriffspunkte an. Neben dem Carboxyl-Terminus, der bei der Wirkung einiger volatiler Anästhetika wie Chloroform, Halothan (Patel et al. 1999, Oehrlein, 2006) und gasförmiger Anästhetika wie Cyclopropane (Gruss et al., 2004) involviert ist, gibt es noch den Amino-Terminus, für den bisher keine Pharmakabindung nachgewiesen wurde.

Hinsichtlich der Studien von Kennard et al. (2005), die die Wechselwirkung von Fluoxetin sowohl mit der Porenregion des TREK-1 Kanals, als auch mit dem C-Terminus widerlegen, generierten wir eine C-terminale Deletionsmutante TREK-1 [ΔC 336] (siehe Material und Methoden), um diese Untersuchungen zu belegen.

Antidepressiva könnten aber ebenso wie volatile Anästhetika eine unspezifische Bindung mit der Membran eingehen. Aus diesem Grund wurden zwei bereits vorhandene TREK-1 Deletionsmutanten untersucht, bei denen die Motive verändert wurden, die evtl. eine Rolle bei der Interaktion mit volatilen Anästhetika spielen. Die Deletionsmutanten hatten den Vorteil, dass nur einzelne Aminosäuren ausgetauscht wurden und der Rest der P-Domäne bestehen blieb. Bei der TREK-1 VLFLI- Mutante wurde an Position 290 und 292 die Aminosäure Tryptophan durch ein Leucin ersetzt. Dieses Kanalprotein exprimierte gut in Oozyten und zeigte einen durchschnittlichen Auswärtsstrom von 3,1 ± 1,2 μA (n=15). Die Applikation von Fluoxetin (1mM) inhibierte den TREK-1 [VLFLI] um 67,1 ± 3,3 % (n=10). Die Dosis-Wirkungskurve zeigte eine halbmaximale Inhibition IC_{50} von 43,5± 3,9 μM und einen Hill-Koeffizienten von 3,0 ± 0,56 (Abbildung 23). Die Deletionsmutante TREK-1 [LLRV] exprimierte ebenfalls gut in Oozyten und zeigte einen Auswärtsstrom von 3,15 ± 1,2 μA (n=13). Hier wurde am C-terminalen Ende an Position 310 die Aminosäure Tryptophan durch Leucin ersetzt. Im Gegensatz zu TREK-1 [VLFLI] wurde sie durch Fluoxetin(1 mM) nur zu 57,3 ± 3,2 % (n=13) inhibiert.

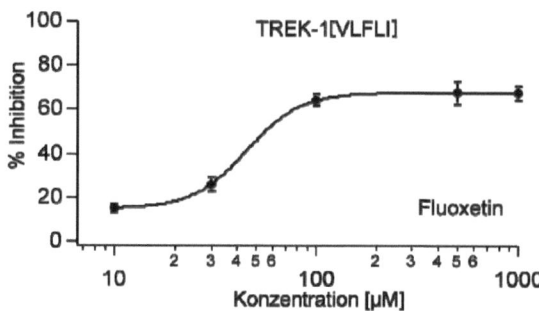

Abbildung 23: Dosis-Wirkungskurve von TREK-1 [VLFLI] nach der Applikation von Fluoxetin (10-1000 µM).

Weiterhin wurden die im Labor vorhandenen C-terminalen Deletionsmutanten (ΔC163RSSV, Δ 243-248) des TASK-1 Kanals untersucht, welcher mit TREK-1 eine sehr nahe Strukturverwandtschaft zeigt. Der Deletionsmutanten TASK-1 [ΔC163RSSV] fehlten die letzten 163 Aminosäuren am C-Terminus, wobei ein wichtiges regulatorisches Motiv aus 6 Aminosäuren, das sogenannte VLRFMT-Motiv, an Position 243-248 als C-terminales Ende belassen wurde. Voraussetzung für einen Transport des Kanalproteins in die Zellmembran ist die Interaktion der letzten 4 Aminosäuren RSSV an Position 386-390 mit dem intrazellulären Protein 14-3-3 (Rajan et al. 2002). Aus diesem Grund wurde bei dieser Mutante das Motiv VLRFMT noch die 4 Aminosäuren RSSV angefügt. TASK-1 ΔC163RSSV konnte gut exprimiert werden und besaß einen Auswärtsstrom von 5,9 ± 4,1 µA (n= 15). Trotz fehlendem C-Terminus unterschied er sich hinsichtlich der Sensitivität gegenüber Fluoxetin nicht signifikant vom Wildtyp. Fluoxetin (1 mM) inhibierte die Stromamplitude zu 68 ± 7,8 % (n= 12; Abbildung 24 A).

Der Deletionsmutanten TASK-1 Δ243-248 fehlt das VLRFMT-Motiv an Position 243-248. Trotz Deletion konnte die Mutante 1-2 Tage nach der Injektion erfolgreich in *Xenopus* Oozyten exprimiert werden und besaß eine durchschnittliche Stromamplitude von 3,0 ± 0,9 µA (V_n= +30 mV; n=10). Auch dabei konnte mit Fluoxetin eine deutliche Interaktion nachgewiesen werden, die sich nicht signifikant vom Wildtyp unterschied. In der Konzentration 1 mM wurde die Stromamlitude von TASK-1 [Δ243-248] um 60,2 ± 5,4 % (n=10) inhibiert. Die Dosis-Wirkungskurve ergab bei TASK-1 [Δ243-248] einen IC_{50} von 273,3 ± 62 µM und einen Hill-Koeffizienten von 1,8 ± 0,6 (Abbildung 24 B). Dieses Ergebnis wurde als Indiz gewertet, dass der

C-Terminus eines K_{2P}-Kanals keine Rolle bei der Interaktion mit Antidepressiva spielt.

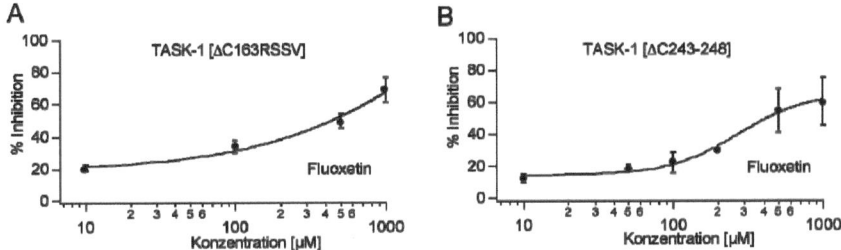

Abbildung 24: Fluoxetin inhibiert C-terminale TASK-1 Mutanten ähnlich wie WT. Die maximale Inhibition der Stromamplitude liegt bei A: TASK-1 ca. bei 70 %.

Deshalb wurde in weiteren Experimenten mit dem TREK-1-Kanal die Rolle des N-Terminus bei der Wirkung von Fluoxetin näher analysiert. Noch interessanter wurde dieses Vorhaben nachdem kürzlich bekannt wurde, dass mit der mRNA von TREK-1 eine lange und eine kurze Variante des Kanalproteins generiert wird (Thomas et al., 2008). Der kürzeren Form, deren Expression auch natürlicherweise im Rattengehirn nachgewiesen wurde, fehlte am N-Terminus Aminosäure 1-56. Zudem zeichnet sie sich durch spezielle physiologische Eigenschaften aus.

4.2.1 Alternative Translation Initiation

Die alternative Translation-Initiation ist ein wichtiger zellulärer Mechanismus, der durch die Expression von zwei oder mehr Proteinen aus einer einzelnen messenger RNA (mRNA) zur Protein-Diversität beiträgt (Cai et al. 2006). Hierbei beginnt das Ribosom erst beim zweiten Startcodon (AUG) die Translation, falls das erste AUG in einem schwachen Sequenz-Kontext steht.

Mit Hilfe der folgenden Experimente sollte untersucht werden, ob auch die mRNA des humanen TREK-1 Kanals zwei Isoformen generiert, welche physiologischen Eigenschaften diese besitzen und wie sie sich bei der Applikation von Antidepressiva verhalten.

4.2.2 Generierung und Western Blot Nachweis des humanen TREK-1 Kanals

Der Vergleich der TREK-1 Proteinsequenz aus der Ratte mit der aus dem Menschen zeigt 97 % Übereinstimmung (Abbildung 25). Wie aus dem „Alignment" hervor geht, befindet sich in der humanen Proteinsequenz das zweite Startcodon (Methionin) nicht an der Stelle 57, sondern an der Stelle 53. Daraus ergibt sich für die N-terminale Deletionsmutante mit 370 Aminosäuren ein Molekulargewicht von 46856,58 Dalton.

```
hTREK-1  M M N P - - R A K R D F Y - - L A A P D L L D P K S A A Q N S K P R L S F S T K P T V L A S R V E S  46
rTREK-1  M L A S A S R E R P G Y T A G V A A P D L L D P K S A A Q N S K P R L S F S A K P T V L A S R V E S  50

hTREK-1  D T T I N V M K W K T V S T I F L V V V L Y L I I G A T V F K A L E Q P H E I S Q R T T I V I Q K Q  96
rTREK-1  D S A I N V M K W K T V S T I F L V V V L Y L I I G A T V F K A L E Q P Q E I S Q R T T I V I Q K Q  100

hTREK-1  T F I S Q H S C V N S T E L D E L I Q Q I V A A I N A G I I P L G N T S N Q I S H W D L G S S F F F  146
rTREK-1  N F I A Q H A C V N S T E L D E L I Q Q I V T A I N A G I I P L G N N S N Q V S H W D L G S S F F F  150

hTREK-1  A G T V I T T I G F G N I S P R T E G G K I F C I I Y A L L G I P L F G F L L A G V G D Q L G T I F  196
rTREK-1  A G T V I T T I G F G N I S P R T E G G K I F C I I Y A L L G I P L F G F L L A G V G D Q L G T I F  200

hTREK-1  G K G I A K V E D T F I K W N V S Q T K I R I I S T I I F I L F G C V L F V A L P A I I F K H I E G  246
rTREK-1  G K G I A K V E D T F I K W N V S Q T K I R I I S T I I F I L F G C V L F V A L P A V I F K H I E G  250

hTREK-1  W S A L D A I Y F V V I T L T T I G F G D Y V A G G S D I E Y L D F Y K P V V W F W I L V G L A Y F  296
rTREK-1  W S A L D A I Y F V V I T L T T I G F G D Y V A G G S D I E Y L D F Y K P V V W F W I L V G L A Y F  300

hTREK-1  A A V L S M I G D W L R V I S K K T K E E V G E F R A H A A E W T A N V T A E F K E T R R R L S V E  346
rTREK-1  A A V L S M I G D W L R V I S K K T K E E V G E F R A H A A E W T A N V T A E F K E T R R R L S V E  350

hTREK-1  I Y D K F Q R A T S I K R K L S A E L A G N H N Q E L T P C R R T L S V N H L T S E R D V L P P L L  396
rTREK-1  I Y D K F Q R A T S V K R K L S A E L A G N H N Q E L T P C R R T L S V N H L T S E R E V L P P L L  400

hTREK-1  K T E S I Y L N G L T P H C A G E E I A V I E N I K                                                   422
rTREK-1  K A E S I Y L N G L T P H C A A E D I A V I E N M K                                                   426
```

Abbildung 25: Alignment von TREK-1 aus dem Menschen (hTREK-1) und der Ratte (rTREK-1).
Beide Kanäle unterscheiden sich nur in 31 Aminosäuren (schwarze Kästchen). (Abbildung: Alignment Report of Untitled ClustalV (PAM 250), 8.2.2011).

Für den Nachweis beider Kanalvarianten wurde ein Western Blot durchgeführt. Zuerst wurden die Kanalproteine mithilfe von Oozyten exprimiert. Dazu wurde jeweils 1 µg der TREK-1 WT RNA injiziert und nach 48 h die Membranproteine aus 20 Oozyten, in denen zuvor ein Strom gemessen werden konnte, aufgearbeitet. Im Western Blot konnten diese Proteine dann anhand ihres unterschiedlichen Molekulargewichts identifiziert werden (Abbildung 26 C).

4.2.3 Mutagenese der kurzen und langen TREK-1 Isoform

Nachdem neben der langen Kanalvariante auch die Synthese eines kurzen Translationsprodukts nachgewiesen wurde, sollte die kurze Kanalvariante kloniert werden, um ihre biophysikalischen und pharmakologischen Eigenschaften separat zu bestimmen. Hierzu wurde mithilfe von PCR und spezifischen Primern, die eine KOZAK Sequenz vor dem Start ATG enthielten, eine verkürzte cDNA hergestellt, die den TREK-1 [ΔN52] kodiert. Dann wurde die cDNA für TREK-1 [ΔN52] mit den Restriktionsstellen für XhoI am 3´Ende und NotI am 5´Ende in den Oozytenexpressionsvektor pSGEM kloniert und anschließend in *vitro* mit der T7-

RNA-Polymerase zu cRNA umgeschrieben. Den Expressionsnachweis lieferten die ersten elektrophysiologischen Messungen in Abbildung 26 A.

Für die seperate Expression der langen Kanalvariante musste das zweite Methionin, welches als Translationsstart für die kurze Form dient, in ein Isoleucin mutiert werden. Durch eine gezielte Mutagenese wurde ein Basenaustausch erzielt, so dass der Translationsbeginn nur am ersten Startcodon erfolgte und ausschließlich die lange TREK-Kanalvariante generiert wurde. Anschließend wurde TREK-1 [M53I] auch mit den Restriktionsschnittstellen XhoI und NotI in den Oozytenexpressionsvektor pSGEM kloniert und danach mit der T7-RNA Polymerase zu cRNA transkribiert.

4.2.4 Charakterisierung der TREK-1 Isoformen

Zuerst wurden die klonierten Kanalvarianten im Expressionssystem *Xenopus* Oozyten untersucht. Hierzu wurden identische RNA-Mengen injiziert und nach 48 der Auswärtsstrom bei +30 mV quantifiziert. Der TREK-1 [WT] zeigte einen Auswärtsstrom von 4,09 ± 0,72 µA (n=19), der dem Strom von TREK-1 [M53I] mit 5,18 ± 0,8 µA (n=19) ähnlich war. Im Gegensatz dazu hatte TREK-1 [ΔN52] nur eine Stromamplitude von 1,86 ± 0,12 µA (p<0,05; n=19). Bei einer cRNA-Koinjektion beider Mutanten von M53I und ΔN52 in einem Verhältnis von 1:2, zeigte die Stromamplitude einen intermediären Wert von 3,86 ± 0,86 µA (n=19; Abbildung 26 A).

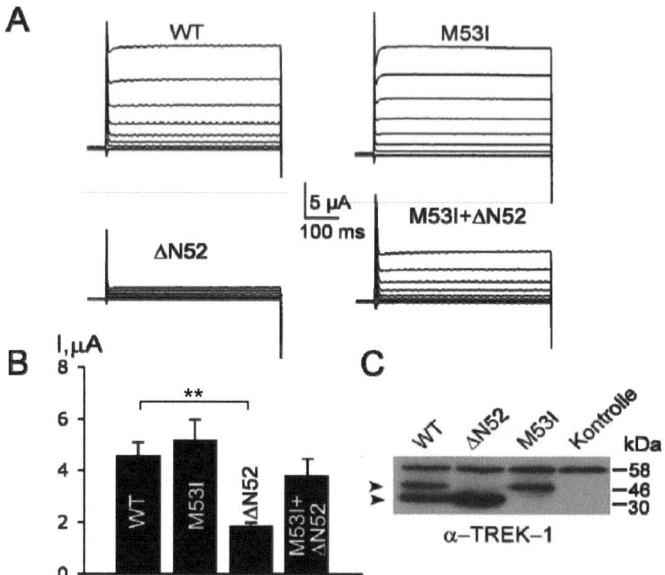

Abbildung 26: Expression von TREK-1[WT], der kurzen Deletionsmutante TREK-1[ΔN52], der langen Isoform TREK-1[M53I]. A: Ganzzellableitungen von *Xenopus* Oozyten, injiziert mit cRNA von TREK-1 WT und dessen Mutanten. B: Balkendiagramm zeigt die quantifizierten Stromamplituden auf einem Haltepotential von +30 mV. C: Western Blot zeigt den Expressionsnachweis der beiden Isoformen bei WT (Pfeile) und Expression von ΔN52 und M53I im Einzelnachweis. Die kürzere Form wird aufgrund der KOZAK-Sequenz deutlich stärker exprimiert.

In weiteren Experimenten wurde die Selektivität der humanen TREK-1 [ΔN52] Mutante für Kalium getestet, da Thomas et al. (2008) für rTREK-1 [Δ56] einen Verlust der Kaliumselektivität berichtete. Nach der Expression in Xenopus Oozyten wurde das Umkehrpotential der TREK-1 [WT], [M53I] und [ΔN52] Ströme bestimmt. Unter einer externen, physiologischen, extrazellulären Kaliumkonzentration konnte ein Umkehrpotential von -94,4 ± 9,31 mV für WT (n=5), -90,8 ± 7.8 für [M53I] und -71,4 ± 7,5 mV für TREK-1 [ΔN52] beobachtet werden. Dadurch wird deutlich, dass das Umkehrpotential vom WT-Strom zwischen M53I und ΔN52 liegt. Nachdem die Kaliumkonzentration auf 20 mM erhöht wurde, kehrte der WT-Strom bei -64,3 ± 4,32 mV, der ΔN52-Strom bei nur -55,8 ± 3,7 mV (p<0,01; n=5) um (Abbildung 27). Diese Ergebnisse dokumentieren, dass die beiden Varianten des TREK-1 Kanals eine unterschiedliche Selektivität für Kalium besitzen.

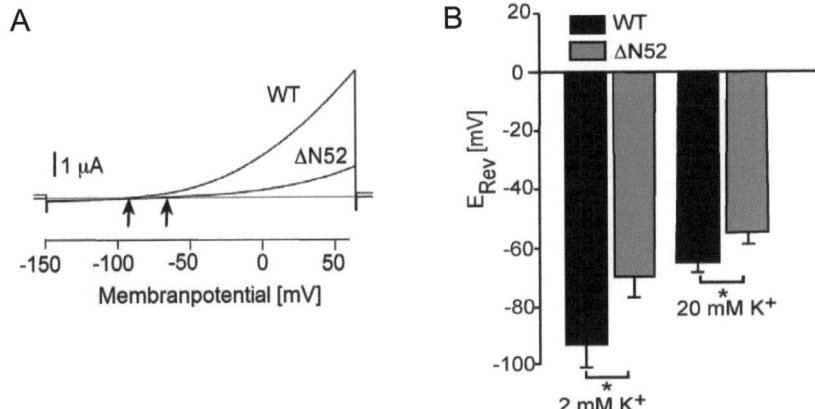

Abbildung 27: TREK-1 [Δ52N] ist permeabel für Kalium und Natrium Ionen. A: Strom-Spannungsrampen von *Xenopus* Oozyten, die mit cRNA von TREK-1 WT und TREK-1 [Δ52N] injiziert sind, zeigen eine Rechtsverschiebung des Umkehrpotentials (Pfeile) Richtung Natrium-Gleichgewichtspotential. B: Vergleich des Umkehrpotentials beider Isoformen in zwei unterschiedlichen externen K$^+$ Konzentrationen (2, 20 mM).

4.2.5 Sensitivitätsprüfung nach Fluoxetin Applikation

Die letzten Experimente dieser Versuchsreihe waren von großer Bedeutung. Da die kurze Mutante, TREK-1 [ΔN52] auch im Gehirn exprimiert wird, stellte sich die Frage, ob diese wie der Wildtyp Kanal, der eine Mischung beider Kanalvarianten darstellt, sensitiv gegenüber dem Antidepressivum Fluoxetin ist. Kontrollmessungen wurden mit der langen Isoform TREK-1 [M53I] durchgeführt. Im Vergleich zu früheren Messungen, bei denen TREK-1 [WT] nach der Applikation von Fluoxetin in der Konzentration 1 mM 71,5 ± 5,8% (n=33) inhibiert wurde, zeigte M53I eine ähnliche Sensitivität auf das Antidepressivum. Die Inhibition durch Fluoxetin (1mM) betrug 74,7 ± 2,2 % (n= 33). Im Gegensatz dazu war TREK-1 [ΔN52] viel weniger sensitiv (Abbildung 28 B). Durch die Applikation von Fluoxetin in der maximal verwendeten Konzentration von 1 mM wurde die kurze Isoform nur zu 23,2 ± 5,6% (p<0,01; n=29) inhibiert. Diese Messungen lieferten den Nachweis, dass der N-Terminus des Kanalproteins für den wesentlichen inhibitorischen Effekt von Fluoxetin verantwortlich ist.

Zuletzt sollte natürlich noch geklärt werden, wie die beiden Kanalvarianten von TREK-1 [WT] im humanen Zellsystem auf Antidepressiva reagieren. Die lange Isoform TREK-1 [M53I] exprimierte mit einer Transfektionsrate von bis zu 70% sehr gut in HEK-293 Zellen. Die durchschnittliche Stromamplitude von 1,49 ± 1,38 nA (n= 19) wurde nach der Applikation von Fluoxetin (100 µM) ähnlich wie WT zu 80,5 ± 2,2

% inhibiert. TREK-1 [ΔN52] schien zwar zu exprimieren, da die meisten Zellen grün fluoreszierten, es konnte jedoch bei den Messungen kein auswärtsgleichgerichteter Kaliumstrom aufgezeichnet werden.

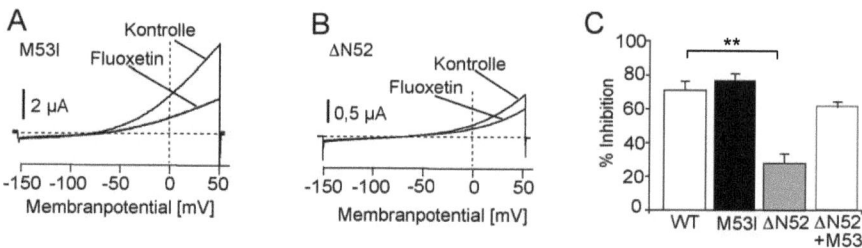

Abbildung 28: Die kurze Isoform TREK-1[ΔN52] unterscheidet sich in ihrer Sensitivität gegenüber von Wildtyp, TREK-1[M53I] besitzt eine ähnliche Sensitivität. A, B: Strom-Spannungsrampen zeigen TREK-1 [M53I] und [ΔN52] Amplituden vor und nach der Applikation von Fluoxetin (1mM). C: Balkendiagramm vergleicht Inhibitionen(%) der Strom- Amplituden bei +30 mV Isoformen mit Wildtyp nach Fluoxetin Applikation.

4.2.6 Stöchiometrie der Kanaluntereinheiten

Wie aus den Western Blot Studien hervorgeht, generiert die RNA für TREK-1[WT] die kurze und die lange Isoform im Verhältnis 1:1 bis 2:1. Dann würden wir aber entgegen dem Ergebnis aus Abbildung 28 C für WT eine Mischsensitivität gegenüber Antidepressiva erwarten oder für TREK-1 [M53I] eine deutlich höhere Inhibition nach Antidepressiva Applikation (Abbildung 28 A). Deshalb sollte in weiteren Experimenten untersucht werden, wie RNA von ΔN52 und M53I, injiziert in unterschiedlichem Mischverhältnis, in Oozyten exprimiert wird und auf Fluoxetin-Applikation reagiert.

TREK-1 [ΔN52] und TREK-1 [M53I], injiziert im Verhältnis 1:1 führte zu einem durchschnittlichen Auswärtsstrom von 5,5 ± 1,74 µA (n= 10), welcher von Fluoxetin in der Konzentration 1 mM zu 65,4 ± 4,1% (n= 10) inhibiert wurde. Das RNA-Mischungsverhältnis 2 (ΔN52): 1 (M53I), das dem WT am nächsten kommt, erzeugte im Mittel einen Kontrollstrom von 3,8 ± 1,0 µA (n=14), der durch Fluoxetin (1mM) zu 61 ± 4,4% (n=14) inhibiert wurde. Nach der Injektion im Verhältnis 3:1 wurde ein durchschnittlicher Kontrollstrom von nur 0,46 ± 0,29 µA (n=10) gemessen. Hierbei bewirkte die Fluoxetin Applikation eine Verringerung der Stromamlitude um 63,3 ± 3,8% (n=10).

4 Ergebnisse

Die Stromamplitude aus dem RNA-Mischungsverhältnis 1: 3 (ΔN52:M53I) wurde zu 50,4 ± 2,7% (n= 20) inhibiert. Beim Verhältnis 1:2 verursachte Fluoxetin (1mM) eine Inhibition von 46,8 ± 4,7% (n=16). Aus obigem Ergebnis zeichnet sich nicht ab, ob sich das Mischprotein hauptsächlich aus Kanalheterodimeren oder –homodimeren zusammensetzt.

4.3 Fluoxetin inhibiert TREK-1 und TASK-1 in nativen Herzzellen

Mit Hilfe dieser Experimente sollte gezeigt werden, dass K_{2P}-Kandidatenkanäle nicht nur in Expressionssystemen inhibiert werden, sondern auch in nativen Herzzellen. Diese Untersuchungen wurden in Kooperation mit Prof. Dr. Jürgen Daut am Institut für Physiologie in Marburg, durchgeführt. In frisch dissoziierten ventrikulären Kardiomyozyten aus der Ratte wurden zuerst alle Na^+, Ca^{2+} und spannungsabhängigen K^+-Kanäle geblockt, um nur die Kaliumströme zu untersuchen, die für die Hintergrundströme verantwortlich sind. Die Applikation von Fluoxetin in den Konzentrationen 30, 50 und 100 μM waren in den exemplarischen Experimenten reversibel und inhibierten die isolierten K_{2P}-Ströme im Herzen eindeutig (Abbildung 29 A, B). Die gemessenen Kaliumströme befinden sich im piko-Ampere Bereich und stellen einen Mischstrom aus TASK-1 und TREK-1 dar, da es leider nicht möglich war, die beiden voneinander zu isolieren.

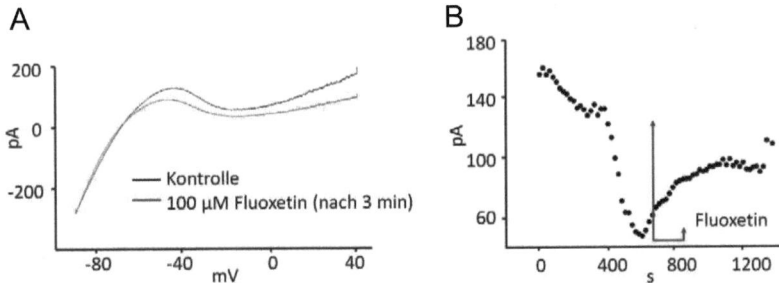

Abbildung 29: Fluoxetin inhibiert K2P-Kanäle in nativen Herzzellen. A: Strom-Spannungsrampen von K2P-Strömen TASK-1 und TREK-1 in Kardiomyozyten vor und nach der Applikation von Fluoxetin (100μM). B: Zeitverlauf der K2P-Inhibition nach Fluoxetin—Applikation (100μM). (Abbildungen: Julia Schiekel)

4.3.1 Nachweis von TREK-1 [ΔN52] in Kardiomyozyten der Maus

Bisher konnte der TREK-1 [ΔN52] Kanal nicht in Herzgewebe nachgewiesen werden. Da die meisten Antikörper für das TREK-1 Protein am C-Terminus binden, ist die Unterscheidung der Kanalvarianten durch Färbestudien sehr schwierig. Die Western

Blot Methode hat den Vorteil, dass angefärbte Proteine auch ihrer Größe nach unterschieden werden können. Für die folgenden Experimente (Abbildung 30) wurden die Herzproteine aus frisch dissoziierten, Blut freien, ventrikulären Kardiomyozyten gewonnen und aufbereitet. Als Negativ-Kontrolle dienten für Oozyten-Proteine H_2O-injizierte Oozyten, für Säugerzellen untransfizierte HEK-293 Zellen und frisch präparierte Skelettmuskelzellen aus dem Wadenbein der Maus. Die Pfeile kennzeichnen die kurze und die lange Isoform der injizierten TREK [WT]- RNA, exprimiert in Oozyten. Als Negativkontrolle für Proteine aus Säugerzellen dienten HEK-293 Zellen, die ebenso aufgearbeitet wurden wie die dissoziierten Kardiomyozyten und Skelettmuskelzellen. In beiden Muskelzellgruppen konnte nur die lange Form, nicht aber die kurze Kanalvariante, nachgewiesen werden. Jedoch gibt es noch keine Untersuchungen, auf welcher Höhe sich die kurze TREK-1 Kanalvariante befinden müsste. In dieser Arbeit wurde sie auf der gleichen Höhe erwartet wie die in Oozyten exprimierten Kanalproteine.

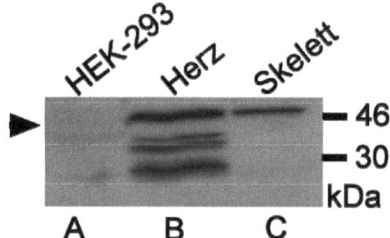

Abbildung 30: Western Blot zum Nachweis der TREK-1 Isoformen in Kardiomyozyten. Pfeile kennzeichnen die Laufhöhe der TREK-1 Isoformen, exprimiert in Oozyten. In den angefärbten Herz-Proteinen kann nur die lange Isoform nachgewiesen werden. Auch in den Skelettmuskelproteinen kann eine Bande identifiziert werden, die sich auf der Höhe der langen Isoform befindet.

4 Ergebnisse

5 Diskussion

5.1 Zielproteine von Antidepressiva

Ionenleitfähigkeiten sind grundlegende physiologische Vorgänge, die bei Veränderungen, z.B. Mutationen, auch Ursache für die Pathophysiologie sein können. Deshalb nutzen auch pharmakologische Agentien wie Antidepressiva diese Wege, um ihre Wirkung zu erzielen.

Das SSRI Fluoxetin und Antidepressiva anderer Stoffklassen können eine Vielzahl neuronaler Ionenkanäle, wie z.B. Ca^{2+}- und Na^{2+} Kanäle (Yang et al., 2010, Pancrazio et al., 1998, Deak et al., 2000) blockieren. Weiterhin besitzen sie auch das Potential, Kaliumkanäle wie spannungsabhängige K_v Kanäle zu inhibieren (Choi et al., 2001). Für $K_v1.3$ und $K_v1.4$-Kanäle wurde beispielsweise bereits gezeigt, dass SSRIs intrazellulär angreifen und eine Kanalblockade verursachen (Choy et al., 1999, Lee et al., 2010). Für alle übrigen Kanäle muss der exakte Mechanismus ihrer Blockierung noch untersucht werden. Auch einwärts gleichgerichtete, G-Protein aktivierbare Kaliumkanäle bieten als neuronale und kardiale Ionenkanäle Zielstrukturen für die Interaktion mit neueren Antidepressiva, wie es in der Arbeit von Kobayashi et al. (2010) für GIRK/Kir3 gezeigt wird. Sie sind in viele Funktionen, wie der Regulation der neuronalen Erregbarkeit, der synaptischen Transmission und dem Herzrhythmus involviert. Die kardialen hERG (human ether a-go-go related gene)-Kanäle, die zur I_{Kr}-Familie (rapidly-activating delayed rectifier) gehören, spielen bei der Repolarisation des kardialen Aktionspotentials eine Rolle. Auch diese K^+-Kanäle reagieren auf TZA wie Arbeiten von Hong et al. (2010) zeigen. K_{2P}-Kanäle sind im Ruhezustand der Zelle geöffnet und regulieren dadurch als Hintergrundströme das Membranpotential. Die ersten klassischen Beispiele für die Funktion solcher Kaliumkanäle sind der serotoninsensitive S-Typ und der anästhetikasensitive K(An)-Kanal, die man in den Meeresschnecken *Aplysia* und *Lymnaea* findet (Castellucci et al., 1976, Siegelbaum et al., 1982, Franks et al., 1988, 1991). K_{2P}-Kanäle sind so für die zelluläre Hintergrundleitfähigkeit verantwortlich und stellen dadurch ein potentielles Ziel für Antidepressiva dar.

Die K_{2P}-Kanäle TREK-1, TASK-1 und THIK-1 zeigten sich in den Messungen dieser Arbeit alle sensitiv gegenüber dem Antidepressivum Fluoxetin, welches die Kaliumströme der Kanäle unterschiedlich stark inhibierte. Hierbei lieferten die vorliegenden Untersuchungen den Nachweis, dass TREK-1 auf Fluoxetin am

5 Diskussion

sensitivsten, THIK-1 am wenigsten sensitiv reagiert. Deshalb konzentrierte sich die Arbeit hauptsächlich auf den TREK-1 Kanal, dessen Ergebnisse im Abschnitt 5.2 diskutiert werden.

TREK-1, TASK-1 und THIK-1 stellen zudem molekulare Ziele für Antidepressiva dar, da sie in Organen, die bei der Wirkung und Nebenwirkung von Antidepressiva involviert sind, vorkommen. TASK-1 und TREK-1 eignen sich insofern als Kandidatenkanäle, da sie sowohl in Kardiomyozyten (Jones et al., 2002, Putzke et al., 2007), als auch in serotonergen Neuronen der Raphe im Gehirn exprimiert werden (Washburn et al., 2002, Honoré, 2006).

Der humane K_{2P}-Kanal TREK-1 wird durch Fluoxetin in beiden Expressionssystemen zu fast 80% inhibiert. Dabei ist in HEK-293 Zellen nur ein Zehntel der vorher eingesetzten Antidepressiva Konzentration für die gleiche Inhibition des Auswärtsstroms notwendig. Diese Arbeit ermittelt zwar höhere IC_{50}-Werte als bereits publiziert (Kennard et al., 2005; 29 µM versus 19 µM), weist jedoch schon eindeutige Inhibitionen des Kanals bei nur 1 µM Fluoxetin nach (Abbildung 20 D). Diese Konzentration entspricht annähernd der Serumkonzentration von depressiven Patienten, welche sich in einer Antidepressivatherapie befinden (TDM, Dr. Pfuhlmann, Klinik und Poliklinik für Psychiatrie, Psychosomatik und Psychotherapie, Würzburg, 2007). Drastische Konzentrationssteigerungen ereignen sich in der Praxis erst bei einer Überdosierung, mit der beispielsweise so genannte „therapieresistente" Patienten behandelt werden oder bei überdosiertem Medikamentenmissbrauch, durch den beabsichtigt eine Intoxikation hervorgerufen werden soll.

Fluoxetin inhibiert TASK-1 in Oozyten zu fast 80 %, in HEK-293 nur zu maximal 50%. HEK-293 besitzen gegenüber Oozyten den entscheidenden Vorteil, dass applizierte Substanzen unmittelbar an die exprimierten Kanäle gelangen, ohne zuerst eine Vitellinmembran zu durchdringen, was exakte Angaben über wirksame Konzentrationen und die entsprechenden Wirkungszeiten ermöglicht. Die Rolle des K_{2P}-Kanals TASK-1 bei Depressionen wurde bisher noch nicht systematisch untersucht, lediglich Kennard et al. 2005 erwähnten eine signifikante Inhibition ab der Fluoxetin-Konzentration von 100 µM. TASK-1 ist im Vergleich zu TREK-1 ein untergeordnetes Zielprotein für Antidepressiva. Er wird nur durch äußerst hohe Antidepressivakonzentrationen blockiert.

5 Diskussion

Die vorliegende Arbeit zeigt, dass der humane THIK-1 schwach auf Antidepressiva reagiert und Fluoxetin in der Konzentration 1 mM nur eine Gesamtinhibition von maximal 46% verursacht. Dieser Effekt ist nicht speziesabhängig. Auch bei THIK-1 aus der Ratte wird der Kanal insgesamt nur zu 50% inhibiert. THIK-1 wurde bereits 2001 zum ersten Mal beschrieben (Rajan et al., 2001), in dieser Arbeit aber zum ersten Mal auf eine Antidepressivawirkung untersucht. THIK-1 wurde durch Fluoxetin auch in HEK-Zellen zu maximal 45% inhibiert. Im Vergleich zu den übrigen Antidepressiva zeichnete sich das TZA Doxepin hier potenter aus als das SSRI Fluoxetin (66.6 % versus 45 %). Diese Ergebnisse deuten darauf hin, dass THIK-1 keine wichtige Rolle beim Krankheitsbild Depression spielt, da es in beiden Expressionssystemen in physiologisch relevanten Konzentrationen zwischen 1-5 µM zu keiner messbaren Interaktion kommt.

Die Interaktion von Fluoxetin mit allen oben genannten Kanälen könnte zu der Vermutung führen, dass das Antidepressivum eventuell unspezifisch an Ionenkanäle oder die benachbarte Plasmamembran bindet. Diese Hypothese kann jedoch dadurch widerlegt werden, dass mit den Kalium- Einwärtsgleichrichtern Kir1.1 und 2.1 durchaus Kanäle existieren, auf die Fluoxetin keinerlei Wirkung hat (Kobayashi et al., 2010, Ohno et al., 2007).

Auch die Experimente dieser Arbeit zeigen, dass es in der Familie der K_{2P}-Kanäle eine Anzahl an Kandidaten gibt, die mit Fluoxetin interagieren. Unter diesen erwies sich TREK-1 als K_{2P}-Kanal mit der größten Sensitivität gegenüber Fluoxetin und bietet daher ein potentielles Ziel für die Wirksamkeit von Antidepressiva. Daraufhin stellte sich die Frage, ob die physiologische Rolle und die Regulationsmechanismen des Kanals diese Hypothese unterstützen und ob Antidepressiva der unterschiedlichen Stoffklassen TZA, SSRI und SNRI eine gleiche oder unterschiedliche hohe Kanalblockade verursachen und dementsprechend die gleichen Interaktionsstellen am Protein nutzen. Sicher ist bisher nur, dass die meisten Antidepressiva lipophil sind und nach dem Durchdringen der Plasmamembran intrazellulär am Kanalprotein angreifen können.

5.2 TREK-1

Die vorliegende Arbeit liefert den Nachweis, dass TREK-1 auf Fluoxetin und fünf weitere Antidepressiva, die klinisch häufig verabreicht werden, sensitiv ist. Citalopram, ein Antidepressivum aus der Stoffgruppe der SSRI, verringerte ähnlich

5 Diskussion

wie Fluoxetin die Stromamplitude von TREK-1 zu 70 %. Das NaSSA Mirtazapin gehört zwar wie Doxepin zur Stoffgruppe der tetrazyklischen Antidepressiva, inhibierte den TREK-1-Strom jedoch um 10 % mehr (65% versus 54%). Maprotilin, ein Antidepressivum aus der trizyklischen Stoffgrupppe, erwies sich potenter als die übrigen und inhibierte den TREK-1-Strom am stärksten. Das SNRI Venlafaxin verringerte die Stromamplitude nur zu max. 30% und führte in physiologisch relevanten Konzentrationen bei TREK-1 zu keiner Wirkung. Antidepressiva der verschiedenen Stoffklassen inhibieren TREK-1 unterschiedlich stark. In Oozyten hat dabei das TZA Maprotilin die größte Wirkung, in HEK-Zellen dominiert Fluoxetin als SSRI, weshalb keine Stoffgruppe eindeutig als TREK-1-Blocker bestimmt werden kann. Die geringste Wirksamkeit besitzt aber Venlafaxin aus der Stoffgruppe SNRI, welches auf TREK-1 in Säugerzellen im Vergleich zu Oozyten in der gleichen Konzentration (100 µM) kaum eine messbare Inhibition zeigt (16% versus 8%). Die Experimente weisen nach, dass die unterschiedliche Wirkung der Antidepressivastoffklassen vom Expressionssystem abhängig ist. Dies bedeutet, dass sich die Wirkung im menschlichen Organismus unterscheiden kann, da in den Expressionssystemen keine vergleichbaren metabolischen Prozesse stattfinden. Die Tendenz zum geringeren Konzentrationseinsatz zeichnete sich in unserer Studie klar ab. Da in Säugerzellen im Vergleich zu Oozyten für die gleiche Wirkung nur ein Zehntel des Konzentrationseinsatzes benötigt wird, erwarteten wir für den menschlichen Organismus eine noch geringe Konzentration. Tatsächlich zeigen Studien (Lundmark et al. 2001, Amsterdam et al. 1997) mit der Methode des „Therapeutic Drug Monitoring", dass umgerechnet 5 µM Fluoxetin im menschlichen Blutplasma ausreichen, um eine nachweisbare antidepressive Wirkung zu erzielen.

Die Ergebnisse dieser Arbeit zeigen, dass Fluoxetin auf TREK-1 in HEK-293 potenter ist als Maprotilin (90% versus 60%). Eine Blockade der K_{2P}-Kanäle durch SSRIs oder TZAs führt folglich zu einem instabilen Membranpotential. Bei einer starken Überdosierung oder einer überdosierten Langzeiteinnahme von Antidepressiva sind aber schon geringe Reduzierungen der K_{2P}-Hintergrundstromaktivität ausreichend, um schwerwiegende kardiale Arrhythmien zu verursachen.

Bei der Koapplikation von Antidepressiva aus unterschiedlichen Stoffklassen konnte keine verstärkte TREK-1-Strominhibition festgestellt werden. In dieser Arbeit wurden zwei Antidepressiva unterschiedlicher Stoffklassen (SSRI und TZA) in der halbmaximalen Konzentration auf TREK-1-Kanäle appliziert. Dieses Ergebnis beweist, dass Antidepressiva unterschiedlicher Stoffklassen dasselbe Target am Kanalprotein nutzen. Möglich wäre jedoch auch, dass sie sich durch ihre räumliche Struktur gegenseitig behindern und dadurch nur eines der beiden Antidepressiva am Zielprotein angreifen kann.

Lorazepam, ein Arzneistoff aus der Gruppe der Benzodiazepine, interagierte in der vorliegenden Arbeit nicht mit TREK-1. Auch in Kombination mit Antidepressiva verstärkte er den inhibitorischen Effekt auf den K_{2P}-Kanal nicht. In Experimenten, in denen das Benzodiazepin in den Konzentrationen 1-100 µM alleine appliziert wurde, konnte keine Wirkung auf den TREK-1-Kanal beobachtet werden. Diese Ergebnisse bestätigen, dass die antidepressive Wirkung der untersuchten Psychopharmaka durch die Interaktion mit dem Kanal TREK-1 verursacht wird. Hintergrund dieser Untersuchungen war, dass Antidepressiva in der Praxis häufig in Kombination mit Medikamenten gegen krankheitsbegleitende psychiatrische oder somatische Krankheiten (z.B. Psychopharmaka anderer Stoffklassen, Muskelrelaxantien, Stimmungs-Stabilisatoren, kardiovaskuläre Krankheiten oder antimikrobielle Wirkstoffe) verschrieben werden und dadurch eine Rolle bei Medikamenteninteraktionen spielen können (Spina et al., 2008). Weiterhin könnten Wirkstoffe wie Lithium, atypische Psychopharmaka und thyroide Hormone genutzt werden, um bei therapieresistenten Patienten antidepressive Antworten zu steigern (Nemeroff et al., 2007, Berlim et al., 2007). Interaktionen können basierend auf ihrem Mechanismus entweder als pharmakokinetisch (betreffend Absorption, Distribution, Metabolismus oder Exkretion) oder als pharmakodynamisch (wenn Zielorgane oder Rezeptorseiten involviert sind) klassifiziert werden. Aufgrund ihrer hohen Selektivität besitzen neuere Antidepressiva ein relativ niedriges Risiko zu pharmakodynamischen Interaktionen. Trotzdem werden SSRI aufgrund ihrer inhibitorischen Effekte auf verschiedene Cytochrom-P450-Enzyme(CYP) mit klinisch relevanten pharmakokinetischen Interaktionen mit anderen Medikamenten assoziiert (Hemeryck et al., 2002).

Die untersuchten Antidepressiva greifen direkt ohne „second-messenger"-Wege am TREK-1-Kanal an. Dies zeigen die Ergebnisse dieser Arbeit. Die Wahrscheinlichkeit, dass sich die Reaktion der Kanalströme auf die Antidepressivaapplikation in den verwendeten Expressionssystemen unmittelbar ereignet, ist höher als die Einbindung von zellulären Signalwegen. Diese Ergebnisse schließen aber nicht aus, dass

5 Diskussion

TREK-1 in nativen Zellen parallel auch über „second messengers", wie bei Gordon et al., 2006 gezeigt, gesteuert wird. Sie vermuten, dass TREK-1 in neuronalen Zellen der Raphe zusätzlich in einen Feedbackmechanismus involviert ist, der durch „second messengers" gesteuert wird. In diesen serotonergen Nervenzellen reduziert die 5-HT$_{1A}$-Autorezeptor-Stimulation neuronale Aktionspotentiale, was eine verringerte Serotonin-Neurotransmission zur Folge hat. 5-HT$_{1A}$-Stimulation inhibiert dabei in einer negativen Feedbackschleife über ein G-Protein die Adenylatzyklase, was einen Abfall der cAMP-Konzentration bewirkt. Dies reduziert die PKA-abhängige TREK-1-Phosphorylierung und verursacht dadurch eine Kanalöffnung. Die TREK-1-Öffnung führt wiederum zur Hyperpolarisation der Zelle, zur Reduktion der Feuerungsrate und zur Verringerung der Serotoninausschüttung (Honoré, 2007). In dieser Hypothese kommt es infolge von der direkten Inhibition des TREK-1 Kanals durch klinische Dosen SSRI zu einer gesteigerten präsynaptischen Erregbarkeit und dies erhöht parallel zur Serotoninwiederaufnahmehemmung die Serotoninausschüttung, um eine antidepressive Wirkung zu erzeugen. Nachdem diese Arbeit die direkte Wirkung von Antidepressiva auf TREK-1 gezeigt hat, stellte sich die Frage, welcher Teil des Kanalproteins für die Interaktion verantwortlich ist.

Der C-Terminus von TREK-1 ist für die Aktion einer Anzahl von Komponenten, welche den Kanal regulieren, entscheidend (Patel et al., 1998, Gruss et al., 2004). Die C-terminale-Deletionsmutante TREK-1 [ΔC 336] (siehe Material und Methoden) generierte jedoch in dieser Arbeit keinen Kaliumauswärtsstrom. Mit dieser Mutante widerlegten Studien von Kennard et al. (2005) die Interaktion von Fluoxetin mit dem C-Terminus von TREK-1. Die Ursache der Nicht-Expression könnte zum Einen an einer Punktmutation im mittleren Bereich des Gens gelegen haben, die nicht erfasst werden konnte, da der Klon insgesamt zu lang war, um durch die Primer T7 und pSGEM-reverse vollständig abgedeckt zu werden. Zum Anderen könnte der C-terminal entfernte Bereich zu lang gewesen sein, sodass aufgrund fehlender Informationen das Kanalprotein nicht in die Membran transportiert werden konnte. Die Inhibition durch Fluoxetin scheint Kennard den C-Terminus des TREK-1-Kanals nicht zu involvieren, da auch die C-terminalen Mutanten im Vergleich zum Wildtyp gleich stark inhibiert wurden. Im Gegensatz dazu stehen die Effekte der volatilen Anästhetika wie Chloroform und Halothan (Patel et al., 1999) und die gasförmigen Anästhetika wie Cyclopran (Gruss et al., 2004), für die der C-Terminus des Kanals verantwortlich ist. Weitere Regulationsmechanismen von TREK-1 sind bisher

5 Diskussion

hauptsächlich an die C-terminale Domäne des Proteins gebunden. Ein Cluster aus fünf positiven Ladungen, die den Protonsensor beinhalten, ist ausschlaggebend für den Effekt von Phospholipiden (Chemin et al., 2005). Diese kationische Region ist für die Interaktion zwischen C-Terminus und der inneren Schicht der Plasmamembran verantwortlich. Zudem ist die proximale C-terminale Domäne von TREK-1 für die Interaktion mit dem A-Kinase-verankerten-Protein-150 (AKAP150) verantwortlich und enthält einen Serinrest an Position 300, der durch Protein-Kinase-C (PKC) phosphoryliert werden kann (Sandoz et al., 2006).

Aus diesem Grund sollten C-terminale Mutanten (ΔC163RSSV, Δ 243-248) des TASK-1-Kanals untersucht werden, welcher mit TREK-1 eine sehr nahe Strukturverwandtschaft zeigt. Der Deletionsmutanten TASK-1 [ΔC163RSSV] fehlten die letzten 163 Aminosäuren am C-Terminus, wobei das VLRFMT-Motiv an Position 243-248 als C-terminales Ende belassen wurde. Voraussetzung für einen Transport des Kanalproteins in die Zellmembran ist die Interaktion der letzten vier Aminosäuren RSSV an Position 386-390 mit dem intrazellulären Protein 14-3-3 (Rajan et al., 2002), weshalb bei dieser Mutante an das Motiv VLRFMT noch die vier Aminosäuren RSSV angefügt wurden. Trotz fehlendem C-Terminus unterschied sich TASK-1 [ΔC163RSSV] hinsichtlich der Sensitivität gegenüber Fluoxetin nicht signifikant vom Wildtyp (70% versus 76%).

Antidepressiva gehen im Gegensatz zu volatilen Anästhetika keine unspezifische Bindung mit der Membran ein. Dies zeigten in der vorliegenden Arbeit zwei TREK-1-Mutanten, bei denen jene Motive verändert wurden, die eventuell eine Rolle bei der Interaktion mit volatilen Anästhetika spielen. Diese Mutanten hatten den Vorteil, dass nur einzelne Aminosäuren ausgetauscht wurden, und der Rest der P-Domäne bestehen blieb. Bei der TREK-1-VLFLI- Mutante wurde an Position 290 und 292 die Aminosäure Tryptophan durch ein Leucin ersetzt. Bei der Deletionsmutante TREK-1-[LLRV] wurde am C-terminalen Ende an Position 310 die Aminosäure Tryptophan durch Leucin ausgetauscht. In ihrer Inhibition gegenüber Fluoxetin unterschieden sich die beiden TREK-1-Mutanten statistisch nicht vom Wildtyp.

Die obige Diskussion zeigt, dass der molekulare Wirkmechanismus von Antidepressiva nicht durch eine unspezifische Bindung mit der Membran zustande kommt. Zudem kann man ausschließen, dass der C-terminale Bereich des Kanalproteins dafür verantwortlich sein kann. Daraufhin stellte sich die Frage, ob der

N-terminale Abschnitt, welcher wie der C-Terminus ins Zellinnere ragt, bei der Antidepressivainteraktion eine Rolle spielt.

ATI, die als Mechanismus zur Diversität von Ionenkanälen beiträgt, reguliert die TREK-1- und TREK-2-Funktion über eine vorteilhafte Strategie und erhöht dadurch die Komplexität von K_{2P}-Kanälen (Thomas et al., 2008, Simkin et al., 2008). Die Gene erzeugen dabei zwei oder mehr Versionen der kodierten Proteine aus einer einzelnen mRNA. Der kürzeren Version, die durch einen „downstream in-frame Startcodon" erzeugt wird, fehlt das N-terminale Fragment der Isoformversion. Wahrscheinlich ereignet sich ATI, wenn das Ribosom die erste Translations-Initiationsseite aufgrund einer schwachen KOZAK-Sequenz überspringt, um zum nächsten Startkodon zu gelangen, an dem die Translation des Proteins beginnen kann.

ATI generiert bei TREK-1 eine Kanalvariante in voller Länge (M53I) und eine kürzere Form (ΔN52). Diese Arbeit liefert mit Western-Blot-Analysen den bisher noch nicht gezeigten Nachweis, dass auch der humane TREK-1 durch ATI eine Kanalvariante in voller Länge und eine kürzere Form (ΔN52) erzeugt, der 52 Aminosäuren am N-terminalen Ende fehlen. Diese verschieden langen Proteine, bei welchen sich die elektrophysiologischen Eigenschaften unterscheiden, lassen sich durch ihr unterschiedliches Molekulargewicht gelelektrophoretisch voneinander trennen. Eine ähnliche Western-Blot-Analyse zeigten Thomas et al. (2008) mit nativen TREK-1-Proteinen aus dem Rattengehirn. Die kurze und die lange TREK-1-Isoform werden im Rattengehirn und während der Entwicklung differentiell exprimiert, wobei die kürzere Form einen kleineren Auswärtsstrom und zudem eine normale Oberflächenexpression besitzt sowie unter physiologischen Bedingungen überraschenderweise nicht nur für Kalium-, sondern auch für Natriumionen permeabel ist (Thomas et. al., 2008). Daher erzeugt die Expression der kürzeren Form eine Depolarisation in hippokampalen Zellen der Ratte, wohingegen die lange Isoform selektiv für K^+ ist und dadurch zur Hyperpolarisation führt.

Der kürzere TREK-1 [ΔN52] besitzt einen kleineren Auswärtsstrom als die lange Isoform M53I, bei welcher der zweite Startcodon mutiert wurde (5,18 µA versus 1,86 µA). TREK-1 [WT], welcher beide Isoformen exprimiert, besitzt einen Mischstrom aus Auswärts- und Einwärtsstrom (4,09 µA). Durch die Erhöhung der extrazellulären K^+-Konzentration verschiebt sich in unseren Messungen das Umkehrpotential von ΔN52

5 Diskussion

in die positive Richtung, dem Na^+-Gleichgewichtspotential entgegen. Dies unterstützt ebenfalls die Möglichkeit einer Na^+-Leitfähigkeit des Kanals. Eine variierbare Permeabilität wird K_{2P}-Kanälen generell im Vergleich zu anderen Kaliumkanälen schon in früheren Arbeiten zugesprochen (Patel et al., 2001). Innerhalb einer Sequenz der P-Domäne, die als Selektivitätsfilter agiert, findet sich hierbei anstatt der Aminosäure Tyrosin, Phenylalanin oder Leucin (Lesage et al., 2000, Goldstein et al., 2001). Obwohl die Selektivität der K_{2P}-Kanäle für K^+ höher ist als für Na^+ (Permeabilitätsrate (P_{Na}/P_K) <0.03) unterstützt ihre Struktur im Vergleich mit anderen K^+-Kanälen eine variierbare Permeabilität.

Die Daten dieser Arbeiten belegen, dass TREK-1[M53I] gegenüber dem Wildtyp ähnlich sensitiv auf Fluoxetin reagiert (74% versus 71%), TREK-1[ΔN52] dagegen deutlich weniger interagiert und durch das Antidepressivum in der Maximalkonzentration nur zu 23 % inhibiert wird. Neben der Untersuchung der physiologischen Eigenschaften der Isoformen lag das Interesse darin, die Antidepressivasensitivität der beiden Kanäle näher zu bestimmen. Da der Auswärtsstrom von TREK-WT im Mittel zwischen langer und kurzer Isoform lag, hätten wir auch für den Wildtyp-Kanal eine mittlere Antidepressivasensitivität erwartet. Eine Erklärung für eine gleiche Sensitivität von TREK-1[M53I] und -[WT] könnte sein, dass sich TREK-1[WT] unter anderem als Heteromer aus zwei verschiedenen Untereinheiten zusammensetzt, was bedeutet, dass sich der Auswärtsstrom aus der Gesamtheit von Homomeren und Heteromeren aus beiden Isoformen (ΔN52, M53I) zusammensetzt. Im Heteromer dominieren jedoch die Eigenschaften der langen Isoform-M53I mit N-Terminus. Deshalb gibt es beim TREK-1[WT] mit Fluoxetin eine ebenso starke Interaktion wie bei [M53I].

Welche Kanalisoform dominiert nun mit ihren Eigenschaften?

Western-Blot-Analysen dieser Arbeit über die Expression des Wildtypkanals lieferten den Nachweis, dass die beiden Isoformen nicht zu gleichen Anteilen exprimiert werden, sondern die kurze Isoform deutlich überwiegt. Deshalb sollten Stöchiometriestudien mehr Auskunft über die dominierenden Eigenschaften beider Kanalvarianten geben. Die Ergebnisse waren jedoch widersprüchlich. Durch Injektionen identischer Konzentrationen im Verhältnis 1:1 bis 1:3 sollten entsprechende Expressionsmuster erzeugt werden. Oozyten, die mit RNA im Verhältnis 1:3 (ΔN52: M53I) injiziert wurden, hätten erwartungsgemäß in ihren Eigenschaften, wie z.B. der Antidepressivasensitivität dem Wildtypkanal, entsprechen müssen. Im Rückschluss gibt es jedoch keine Korrelation zwischen injizierter Konzentration und der anschließenden Expressionsstärke der Kaliumkanäle.

Weitere Beweise, dass der K_{2P}-Kanal-TREK-1 in Nervenzellen eine Schlüsselrolle bei der Wirkung von Antidepressiva einnimmt, liefern neben Invitro-Studien vor allem Tiermodelle und humangenetische klinische Studien. Der erste Nachweis erfolgte durch die TREK-1-Knock-out-Maus ($KCNK2^{-/-}$). In fünf unterschiedlichen Verhaltensmodellen, die depressionsähnliche Symptome aufdecken sollten, zeigte sie einen depressionsresistenten Phänotyp mit einem signifikant reduzierten Cortisonwert unter Stress. Die Knock-out-Maus zeigte zudem keine phänotypischen Veränderungen nach der Verabreichung von Antidepressiva (Heurteaux et al., 2006). Eine humangenetische Studie verdeutlichte die Rolle von TREK-1 im Krankheitsbild Depression (MDD). In dieser klinischen Studie wurde eine Korrelation zwischen einem „single" Nukleotid Polymorphismus (SNP) in TREK-1 und dem Risiko für die Therapieresistenz gegenüber SSRIs gefunden (Perlis et al., 2008).

TREK-1 spielt also definitiv eine Rolle bei Depressionen und der Wirkung von Antidepressiva. Die Kanal-RNA exprimiert natürlicherweise zwei Isoformen, während eine davon eine N-terminale Deletion besitzt. Wir haben gezeigt, dass der fehlende N-Terminus der Grund für die geringere Antidepressivainhibition der ΔN52-Mutante ist. Das bedeutet, dass sich die Regulationsmechanismen der Antidepressivainteraktion im N-Terminus befinden.

Welche Konsequenzen hat dies nun für die pharmakologischen Aspekte der Antidepressiva Therapie? Wären danach Patienten, die eher die kurze Isoform exprimieren, generell resistent gegenüber der bisherigen Antidepressivatherapie oder spielt die kurze Isoform vielleicht sogar eine größere Rolle bei Depressionen als der Wildtyp? Was, wenn der K_{2P}-Kanal-TREK-1 nicht nur für die antidepressive Wirkung, sondern auch für die Nebenwirkungen verantwortlich ist?

5.3 Therapeutische Aspekte der Antidepressiva

Die therapeutische Plasmakonzentration von Fluoxetin befindet sich zwischen 0,15 und 1,5 µM (Orsulak et al., 1988, Altamara et al., 1994), wobei die Konzentrationen im Gehirn bei einer chronischen Fluoxetin-Behandlung um das Zehnfache (Karson et al., 1993), bei einer Überdosierung bis zum Hundertfachen (mündliche Information, Dr. Pfuhlmann) größer sein können. Aufgrund der hohen Lipophilie verteilt sich Fluoxetin bevorzugt vom Blutplasma ins Gehirn- und Herzgewebe (Karson et al., 1993).

5 Diskussion

Magnetische-Resonanz-Spektroskopie-Messungen haben gezeigt, dass die absolute freie Antidepressivakonzentration im gesamten Gehirn von Erwachsenen nach einer durchschnittlichen Dosis von 24 mg pro Tag ca. 5 µM beträgt (Strauss et al., 2002), während viele Patienten mehr als die vorgeschriebene Dosis einnehmen. Bei Patienten mit Bulimia nervosa liegt die Menge im Durchschnitt bei 60 mg pro Tag (www.emc.medicines.org.uk; summary of product characteristics (SPC) for Prozac®). Deshalb erzeugen die in dieser Arbeit verwendeten *steady-state*-Konzentrationen von Fluoxetin und den weiteren untersuchten trizyklischen Antidepressiva einen signifikanten TREK-1-Kanalblock.

Patienten, die an chronischen Schmerzen leiden, haben eine erhöhte Depressionsrate. (Haley et al., 1985, Wilson et al., 2002). Dabei könnte die Depression zum einen eine Konsequenz von Schmerzen sein, zum anderen ist aber auch bekannt, dass depressive Patienten mit chronischen Schmerzen ein gesteigertes Risiko für die Entwicklung neuropathischer Schmerzen in sich tragen (Borsook et al., 2006). Außerdem gibt es Pharmakotherapien, die sowohl bei chronischen Schmerzen, als auch bei Depressionen eingesetzt werden, während vor allem TZA einen guten Effekt zeigen, SSRIs hingegen kaum bei chronischen Schmerzen wirken (Max et al., 1992). Chronische Schmerzen können wie Depressionen zu strukturellen und funktionalen Veränderungen im zentralen Nervensystem führen (Lenz et al., 1998, Flor, 2000, Tinazzi et al., 2000). Diese Tatsachen beweisen bisher aber nicht, dass die beiden Krankheiten gemeinsame intrazelluläre Signalwege oder zelluläre Angriffspunkte teilen.

In dieser Arbeit konnte nun gezeigt werden, dass TREK-1 nicht nur mit SSRIs wie Fluoxetin interagiert, sondern auch durch TZA wie Amitryptilin, das bei der Schmerzbehandlung eingesetzt wird, inhibiert wird. Sowohl die starke Expression und Kolokaliation mit einem Capsaicin-aktivierbaren TRPV-Kanal in Hinterwurzelganglien (Alloui et al., 2006, Talley et al., 2001, Maingret et al., 2002) als auch die Sensitivität gegenüber externer Ansäuerung und Lysophosphatsäure (Cohen et al., 2009) bestärken die Rolle von TREK-1 in der Schmerzwahrnehmung. Sandoz et al. (2009) machen für die pH-Sensitivität den einzelnen Histidinrest H126 verantwortlich, der sich in der extrazellulären Schleife M1P1 befindet. Depressionen und chronische Schmerzen sind sehr komplexe Krankheiten, die nicht auf ein molekulares Ziel zu reduzieren sind. TREK-1 spielt bei beiden Krankheiten eine

Rolle, wobei - wie in dieser Arbeit gezeigt wird - bei der Interaktion mit Antidepressiva der intrazelluläre, N-terminale Proteinabschnitt verantwortlich ist.

TREK-1 könnte ebenfalls noch bei weiteren psychiatrischen Krankheiten wie Schizophrenie beteiligt sein, weil er auch durch antipsychotische Substanzen wie Fluphenazine, Chlorpromazin und Haloperidol inhibiert wird (Thümmler et al., 2007).

Epilepsien sind Nebenwirkungen, die durch die überdosierte Einnahme von SSRIs, SNRIs und TZA ausgelöst werden können (Mago et al., 2008). In diesem Fall trägt Venlafaxin das höchste Potential in sich. Bei Epilepsien werden zentralnervöse Erregungen in großer Menge und schubweise freigesetzt, welche zu Krampfanfällen, aber auch zu kleinen motorischen oder sensorisch-nervalen Ausschlägen und Störungen führen können. Je nachdem, wo im Gehirn die Erregungen freigesetzt werden, können zudem weitere Symptome, z.B. Wesensveränderungen, kleine Zuckungen, einschießende Kopfschmerzen, aber auch Ausfälle wie Sehstörungen oder Lähmungen, auftreten. Der Zusammenhang zwischen Epilepsien und Antidepressiva wird insofern deutlich, als dass die Blockade von K_{2P}-Kanälen im zentralen Nervensystem die Ursache für die Krampfanfälle sein könnte, da die Inhibition von Kaliumhintergrundströmen die Reizschwelle in Nervenzellen vermindert, sodass Aktionspotentiale schneller ausgelöst werden können und unkontrollierbar werden.

Kardiomyozyten exprimieren mehrere K_{2P}-Kanäle wie den dehnungsaktivierbaren TREK-1- und den säureinhibierbaren TASK-1- Kanal (Lopes et al., 2000). Man vermutet, dass K_{2P}-Kanäle zur nicht-inaktivierbaren K^+-Stromkomponente in Säugerherzen beitragen (Putzke et al., 2007).
Die notwendige Voraussetzung für die normale Pumpfunktion des Herzens entsteht durch die elektrische Erregung, die aus der Aktivierung der Sinusknoten-Schrittmacherzellen und der anschließenden Erregungsweiterleitung auf die Ventrikel entsteht. Die elektrische Aktivität im Myokard zeigt sich in Form von Aktionspotentialen, die die Aktivierung und Inaktivierung von depolarisierenden Na^+- und Ca^{2+}- und repolarisierenden K^+-Kanalströmen reflektieren. Bisher unterscheidet man zwischen zwei Typen von repolarisierenden, spannungsgesteuerten Kaliumströmen, den transienten auswärtsgerichteten Kaliumströmen (I_{to}), welche hauptsächlich durch hERG, und den verzögerten auswärtsgerichteten Kaliumströmen (I_K) vertreten werden. Des Weiteren tragen noch einwärtsgerichtete

5 Diskussion

Kaliumkanalströme I_{K1} zur Repolarisation des Aktionspotentials im Herzen bei (Nerbonne et al., 2004), wobei K_{2P}-Kanäle einen Beitrag zur späten Stromkomponente leisten (Nerbonne et al., 2005, Goldstein et al., 2001).

Mit Hilfe von elektrophysiologischen Messungen an Kardiomyozyten der Ratte konnten in dieser Arbeit die K_{2P}-Kanäle TASK-1 und TREK-1 im Herzen nachgewiesen werden. Außerdem konnte gezeigt werden, dass diese K^+-Auswärtsströme durch Fluoxetin ab der Konzentration 30 µM eindeutig inhibiert werden. Die Blockade der K_{2P}-Kanäle könnte die Ursache für kardiale Nebenwirkungen nach überdosierter Antidepressivaeinnahme sein. Jedenfalls zeigt diese Arbeit, dass der kardial wichtige Kir 2.1-Strom nach Fluoxetin-Applikation fast unverändert blieb. Dieser Befund steht im Einklang mit Ergebnissen, die von Ohno et al. (2007) publiziert wurden.

Western-Blot-Analysen dieser Arbeit (4.3.1.) weisen in ventrikulären Kardiomyozyten aus der Maus den K_{2P}-Kanal-TREK-1 nach. Ein Kanal mit trunkiertem N-Terminus konnte jedoch - ähnlich wie in Skelettmuskelzellen - nicht gezeigt werden, was aber nicht den Befund ausschließt, dass im Herzen keine ATI stattfindet. Der fehlende N-Terminus könnte zum einen die Integration des Kanals in die Herzmembran verhindern oder durch Veränderung der zielbestimmenden Strukturen (targeting) zur subzellularen Einlagerung führen (Cai et al., 2006). Zum anderen ist es möglich, dass sich die Mobilität des Proteins durch intrazelluläre Mechanismen, wie z.B. Phosphorylierung von der in Oozyten exprimierten Isoform, unterscheidet und deshalb im Western-Blot ein anderes Molekulargewicht aufweist.

Depressive Patienten erleiden im Vergleich zu gesunden häufiger kardiovaskuläre Krankheiten, die nicht selten auch tödlich sein können (Glassman, 2010), weshalb Antidepressiva idealerweise nicht zu diesem Risiko beitragen sollten. Da Depressionen auch Suizidgedanken hervorrufen können, ist eine möglicherweise toxisch wirkende Überdosis bei der Wahl eines Antidepressivums zu beachten und zu vermeiden.

TZA in therapeutischen Dosen erhöhen die Sterblichkeit durch kardiovaskuläre Erkrankungen und sind vollständig toxisch im Falle einer Überdosis (Thanacoody et al., 2005). Im Jahre 2008 stellten Antidepressiva in den USA die vierthäufigste, primär für Todesopfer verantwortliche Medikamentenklasse dar (Bronstein et al., 2009). In der Türkei ereigneten sich noch mehr Vergiftungen durch trizyklische

Antidepressiva. 60,5 % der Vergiftungen wurden durch Medikamente verursacht, darunter 36,3 % trizyklische Antidepressiva (Baydin et al., 2005).

SSRIs zeigen bei beliebigen Dosen nur eine geringe Kardiotoxizität. Zudem bemerkt Taylor (2010) den ausbleibenden plötzlichen Herztod nach Einnahme von SNRI Venlafaxin im Vergleich zu früheren Vergleichsstudien mit SSRIs (Johnson et al., 2006). Außerdem konnten nach der Einnahme einer erhöhten Venlafaxin-Dosis (346 mg) keine Veränderungen der elektrokardiographischen Parameter beobachtet werden (Mago et al., 2008). Eine „Data based study" mit über 200 000 Patienten von Martinez (2010) zeigte kürzlich, dass Venlafaxin weniger kardiotoxisch ist als die SSRIs Fluoxetin oder Citalopram.

Die vorliegende Arbeit bestätigt, dass TZA, wie z.B. Maprotilin K_{2P}-Kanäle, die im Herzen exprimiert werden, speziell aber TREK-1 und TASK-1 blockieren. Dies hat zur Folge, dass es zu einem erhöhten Ruhemembranpotential kommt, das sich dem Schwellenpotential nähert und dadurch die Wahrscheinlichkeit einer kardialen Arrhythmie erhöht. Das SNRI Venlafaxin hat auf TREK-1 in humanen Zellen in der Konzentration von 100 µM nur einen minimalen Effekt und bestätigt die Ergebnisse aus der Literatur (Taylor et al., 2010). Die Argumente von Buckley und Kollegen (2002), wonach die Anwendung von Venlafaxin mit einem erhöhten Risiko für plötzlichen Herztod einhergeht, können dadurch entkräftet werden, dass das als „nebenwirkungsarme" Medikament eher an Patienten verabreicht worden ist, die eine kardiale Vorerkrankung hatten oder suizidgefährdet waren.

Es ist mehr als wahrscheinlich, dass die TREK-1-Kanalblockade durch Antidepressiva zu den bekannten Nebenwirkungen wie Epilepsie, Durchblutungsstörungen und kardialen Arrhythmien beitragen. Da besonders Fluoxetin, Maprotilin und Doxepin TREK-1 blockieren, kann dies die Tendenz für unerwünschte Störungen und Nebenwirkungen erhöhen. Deshalb müssen diese Medikamente bei Patienten, die an epileptischen Anfällen leiden oder kardiale Vorerkrankungen haben, mit einer erhöhten Vorsicht angewendet werden. Dies stellt dann wiederum ein Management-Problem für Kliniker dar, da Epileptiker, Patienten mit chronischen Schmerzen und kardialen Vorerkrankungen auch diese sind, die vermehrt an Depressionen leiden (Salzberg & Vajda, 2001).

Zum einen trägt die Antidepressiva-Kanalblockade von TREK-1 in Gehirnbereichen, die beim Krankheitsbild Depression involviert sind, zur Linderung der Symptome bei, zum anderen aber inhibieren sie auch die Kandidaten K_{2P}-Kanäle im Herzen und verursachen kardiale Nebenwirkungen. Alternativ könnte man bei Patienten mit kardialen Vorerkrankungen zuerst zu Venlafaxin greifen, welches TREK-1 kaum blockiert und keine nachgewiesenen kardialen Nebenwirkungen verursacht. Daraufhin stellt sich die Frage, ob Venlafaxin in der Monotherapie, d.h. einzeln verabreicht, wirksam genug ist oder, ob eine Kombinationstherapie mit weiteren Antidepressiva notwendig ist.

Um die Entstehung einer solchen Krankheit besser verstehen und die dafür notwendigen Therapien anwenden zu können, wurden in den letzten Jahrzehnten gentechnisch veränderte Mausmodelle generiert, die der menschlichen Krankheit zwar nicht identisch sind, ihr aber in vielerlei Hinsicht ähneln. Die Informationen dieser Arbeit können uns einen kleinen Schritt näher an die genetischen Grundlagen von Depressionen bringen. Dafür wäre es in Zukunft interessant, die Rolle der natürlich vorkommenden N-terminalen Mutante bei Depressionen näher zu untersuchen, indem man Organe depressiver Patienten auf genetische TREK-1-Isoformen überprüft. Zudem soll die Arbeit dient als Anstoß dienen, ein neues Antidepressivum zu entwickeln, das speziell nur am TREK-1 im Gehirn angreift, die K_{2P}-Kanäle im Herzen jedoch nicht erkennt.

6 Zusammenfassungen

6.1 Zusammenfassung

Die vorliegende Arbeit beschäftigte sich mit der Wirkung von Antidepressiva auf K_{2P}-Kanäle. Sie stellen wie spannungsabhängige Ca^{2+}, Na^+ und K^+-Kanäle als neuronale Ionenkanäle aufgrund ihrer Expressionsmuster und physiologischen Eigenschaften potentielle Zielproteine für Antidepressiva dar. Darum werden K_{2P}-Kanäle in heterologen Expressionssystemen von klinisch verabreichten Antidepressiva inhibiert.

Die K_{2P}-Kanäle TREK-1, TASK-1 und THIK-1 zeigten sich in dieser Arbeit alle sensitiv auf das Antidepressivum Fluoxetin, welches die Kaliumströme der Kanäle unterschiedlich stark inhibierte. Hierbei lieferten die vorliegenden Untersuchungen den Nachweis, dass TREK-1 auf Fluoxetin am meisten, THIK-1 am wenigsten sensitiv reagiert. Der humane TREK-1 wird durch Fluoxetin in den Expressionssystemen Oozyten und HEK-Zellen zu fast 80% inhibiert, wobei bei der humanen Zelllinie nur ein Zehntel der vorher eingesetzten Antidepressivakonzentration für die gleiche Inhibition des Auswärtsstroms notwendig war. Die vorliegende Arbeit weist Inhibitionen des Kanals bei einer Fluoxetinkonzentration von 1 µM nach, was der Serumkonzentration von depressiven Patienten entspricht. Zudem wird TREK-1 durch die Antidepressiva Maprotilin, Mirtazapin, Citalopram, Doxepin und Venlafaxin inhibiert, wobei letzteres kaum eine Wirkung zeigt. Alle verwendeten Antidepressiva nutzen die gleichen Angriffspunkte am Kanalprotein, da es bei einer Koapplikation mit einem weiteren Antidepressivum oder Benzodiazepin zu keiner Inhibitionsverstärkung kommt.

Die Interaktion zwischen Antidepressivum und Kanalprotein verläuft mit großer Wahrscheinlichkeit direkt und ohne „second-messenger-Wege". Hierbei konnten die porenformende Region und der C-Terminus des Kanals als Interaktionspartner ausgeschlossen werden.

Der Mechanismus der alternativen Translations-Initiaton generiert zwei unterschiedliche Proteinprodukte aus einem TREK-1 Transkript, eine lange Version des Proteins mit 426 Aminosäuren und zusätzlich eine kurze Version mit 374 Aminosäuren, welcher die ersten 52 N-terminalen Aminosäuren fehlen. Die Fluoxetin-Sensitivität von TREK-1 [ΔN52] verringert sich um 70%. Dies verdeutlicht, dass die ersten 52 Aminosäuren essentiell zur TREK-1 Interaktion mit Antidepressiva beitragen.

6.2 Summary

The study at hand is about the effect of antidepressants on K_{2P}-channels. As neuronal ion-channels like voltage-gated Ca^{2+}, Na^+ and K^+-channels, the K_{2P}-channels constitute a potential target for antidepressants because of their tissue expression and physiological characteristics. Clinically prescribed antidepressants inhibit the K_{2P}-channels in heterologous expression systems for that reason.

In our experiments the K_{2P}-channels TREK-1, TASK-1 and THIK-1 were sensitive to the antidepressant Fluoxetine, which inhibited the potassium current in different ways. The study provides evidence that TREK-1 reacts to Fluoxetine most sensitively whereas THIK-1 reacts least. The humane TREK-1 is inhibited up to 80% by Fluoxetine in expression systems oocytes and HEK-cells, in which only a tenth of the antidepressant concentration induced the same current inhibition. Our experiments showed already a channel block already at 1 µM Fluoxetine concentration, which is conform to the antidepressant serum concentration of depressive patients. Furthermore TREK-1 is inhibited by the antidepressants Maprotiline, Mirtazapine, Citalopram, Doxepin and Venlafaxine, whereas the last one showed least effects. The used antidepressants occupy the same targets at the channel protein, because a coapplication with a further antidepressant or benzodiazepine didn´t increase the maximum channel block.

The interaction between antidepressant and channel protein is working directly without second messenger pathway. The pore forming region and the C-terminus of the channels could be excluded as interaction partner.

Alternative translation initiation (ATI) generates two different protein products from a single transcript of TREK-1, a long version of the protein with 426 amino acids and in addition a short version with 374 amino acids, lacking the first 52 amino acids at the N-terminus. The sensitivity of TREK-1[ΔN52] to fluoxetine declined by 70% indicating that the first 52 amino acids essentially contribute to the interaction of TREK-1 with the antidepressant.

7 Literaturverzeichnis

Aller, M.I., Veale, E.L., Linden, A.M., Sandu, C., Schwaninger, M., Evans, L.J., Korpi, E.R., Mathie, A., Wisden, W. & Brickley, S.G. (2005). Modifying the subunit composition of TASK channels alters the modulation of leak conductance in cerebellar granule neurons. *J. Neurosci.*, 25: 11455-11467.

Alloui, A., Zimmermann, K., Mamet, J., Duprat, F., Noel, J, Chemin, J., Guy, N., Blondeau, N, Voilley, N., Rubat-Coudert, C., Borsotto, M., Romey, G., Heurteaux, C., Reeh, P., Eschalier, A. & Lazdunski, M. (2006). TREK-1, a K+ channel involved in polymodal pain perception. *EMBO J.*, 25: 2368-2376.

Altamura, A.C., Montgomery, S.A. & Wernicke, J.F. 1988. The evidence for 20 mg of fluoxetine as the optional dose in the treatment of depression. *Brit. J. Psychiatry,* 153: 109-112.

Altamara, A.C., Moro, A.R. & Percudani, M. (1994). Clinical pharmacokinetics of fluoxetine. *Clin. Pharmacokinet.*, 26: 201-214.

Altar, C.A. (1999). Neurotrophins and depression. *Trends. Pharmacol. Sci.,* 20: 59-61.

Amsterdam, J.D., Fawcett, J., Quitkin, F.M., Reimherr, F.W., Rosenbaum, J.F., Michelson, D. et al. (1997). Fluoxetine and norfluoxetine plasma concentrations in major depression: a multicenter study. Am J Psychiatry, 154:963-969.

Bai, X., Bugg, G.J., Greenwood, S.L., Jocelyn, D.G., Sibley, C.P., Baker, P.N., Taggert, M.J. & Fyfe, G.K. (2005). Expression of TASK and TREK, two-pore domain K+ channels, in human myometrium. *Reproduction,* 129: 525-530.

Bauer, M., Hellweg, R. & Baumgartner, A. (1996). Fluoxetine-induced akathisia does not reappear after switch to paroxetine. *J. Clin. Psychiatry,* 57: 593-594.

Bauer, M., Berghöfer, A. & Adli, M. (2005). Akute und therapieresistente Depressionen. *Springer Medizin Verlag* (2): 571.

Baumann, P., Hiemke, C. & Ulrich, S. (2004). The AGNP-TDM Expert Group Consensus Guidelines: Therapeutic Drug monitoring in Psychiatry. *Pharmacopsychiatry,* 37: 243-265.

Baydin, A., Yardan, T., Aygun, D., Doganay, Z., Nargis, C. & Incealtin, O. (2005). Retrospective evaluation of emergency service patients with poisoning: a-3-year study. *Adv. Ther.*, 22: 650-658.

Beasley, C.M., Dornseif, B.E., Bosomworth, J.C., Sayler, M.E., Rampey, A.H.., Heiligenstein, J.H., Thomson, V.L., Murphy, D.J. & Masica, D.N. (1991). Fluoxetine in suicide: a meta-analysis of controlled trials of treatment for depression. *BMJ,* 303: 685-692.

Berger, F.M. (1954). The pharmacological properties of 2-methyl-2-n-propyl-1,3-propanediol dicarbamate (miltown), a new interneuronal blocking agent. *J. Pharmacol. Exp. Ther.,* 112 (4): 413–423.

7 Literaturverzeichnis

Berlim, M.T. & Turecki, G. (2007). What is the meaning of treatment resistant/refractory major depression (TRD)? A systematic review of current randomized trials. *Eur. Neuropsychopharmacol.*17 (11): 696-707.

Birkenjäger, T.K., Moleman, P. & Nolen, W.A. (1995). Benzodiazepines for depression? A review of the literature. *Int. Clin. Psychopharmacol.*, 10: 181-195.

Bras, M, Dordevic, V, Gregurek, R. & Bulajic, M. (2010). Neurobiological and clinical relationship between psychiatric disorders and chronic pain. *Psychiatr. Danub.*, 22 (2): 221-226.

Bradford, M.M. (1976). A rapid and sensitive method for quantitation of microgram quantities of protein utilizing the principle of protein-dye binding. *Anal. Biochem.* 72: 248-254.

Bronstein, A.C., Spyker, D.A., Cantilena, L.R., Green, J.L., Rumack, B.H. & Giffin, S.L. (2009). 2008 annual report of the American Association of poison control centers´national poison data system (NPDS): 26th annual report. *Clin.Toxicol. (Phila)*, 47 (10): 911-1084.

Borsook, D, Becerra, L., Carlezon, W.A.jr., Shaw, M., Renshaw, P., Elman, I. & Levine J. (2007). Reward-aversion circuitry in analgesia and pain: Implications for psychiatric disorders. *Eur. J. Pain,* 11: 7-20.

Borsook, D. & Becerra, L. (2006). Breaking down the barriers fMRI applications in pain, analgesia and analgesics. *Mol. Pain.* 2: 30.

Brickley, S.G., Revilla V., Cull-Candy S.G., Wisden, W. & Farrant, M. (2001). Adaptive Regulation of neuronal excitability by a voltage-independent potassium conductance. *Nature,* 409 :88-92.

Böker, H. (2006). Psychoanalyse und Psychiatrie; Geschichte, Krankheitsmodelle und Therapiepraxis. *Springer Verlag*: 120.

Buckingham, S.D., Kidd, J.F., Law, R.J., Franks, C.J. & Sattele, D.B. (2005). Structure and function of two-pore-domain K channels: contributions from genetic model organisms. *Trends. Pharmacol. Sci.*, 26 (7): 361-367.

Buckler, K.J., Williams B.A. & Honore E. (2000). An oxygen-, acid- and anaestethic-sensitive TASK-like background potassium channel in rat arterial chemoreceptor cells. *J. Physiol.*, 525: 135-142.

Buckley, N.A., & McManus, P.R. (2002). Fatal toxicity of serotonergic and other antidepressant drugs: analysis of United Kingdom mortality data. *BMJ.*, 325: 1332-1333.

Carmeliet E (1989). K+ channels in cardiac cells: mechanisms of activation, inactivation, rectification and K+ sensitivity. *Pfugers Arch.,* 1: 88-92.

Cade, J.F., (1949). Lithium salts in the treatment of psychotic excitement. *Medical Journal of Australia,* 2: 349-352.

Cai, J., Huang, Y., Li, F. & Li, Y. (2006). Alteration of protein subcellular location and domain formation by alternative translational initiation. *Proteins,* 62: 793-799.

Castellucci, V., & Kandel, E.R. (1976). Presynaptic facilitation as a mechanism for behavioral sensitization in Aplysia. *Science.* 194(4270): 1176-1178.

Chemin, J.F. et al. (2005). A phospholipid sensor controlsmechanogating of the K+ channel TREK-1. *EMBO J.*, 24: 44-53.

Choi, B.H., Choi, J.S., Min, D.S., Yoon, S.H., Rhie, D.J., Jo, Y.H., Kim, M.S. & Hahn, S.J. (2001). Effects of (-)-epigallocatechin-3-gallate, the main component of green tea, on the cloned rat brain Kv1.5 potassium channels. *Biochem. Pharmacol.* 62(5):527-537.

Choy, R.K.M. & Thomas, J. H. (1999). Fluoxetine-resistant mutants in C elegans define a novel family of transmembrane proteins. *Mol. Cell.* 4: 143-152.

Cohen, A., Sagron, R., Somech, E., Hayoun, Y.S. & Zilberberg N. (2009). Pain-associated signals, acidosis and lysophosphatic acid modulate the K2P 2.1 channel. *Mol. Cel. Neurosc.*, 40: 382-389.

Cole, K. S. (1949). Dynamic electrical characteristics of the sqid axon membrane, *Arch. Sci. Physiol.,* 3: 253-258.

Czirjak, G. & Enyedi, P. (2002). Formation of functional heterodimers between TASK-1 and TASK-3 two-pore domain potassium channel subunits. *J. Bio.l Chem.*, 277: 5426-5432.

Deak, F., Lasztóczi, B., Pacher, P., Petheö, G.L., Valéria Kecskeméti & Spät, A. (2000). Inhibition of voltage-gated calcium channels by fluoxetine in rat hippocampal pyramidal cells. *Neuropharmacology,* 39(6): 1029-1036.

Delay, J. & Deniker, P. (1952). Réactions biologiques observées au cours du traitement par l'chlorhydrate de deméthylaminopropyl-N-chlorophénothiazine. *CR. Congr. Méd. Alién Neuro.l (France)*, 50: 514–518.

Doyle, D.A., Morais, C.J., Pfuetzner, R.A., Kuo, A., Gulbis, J.M., Cohen, S.L., Chait, B.T. & MacKinnon, R. (1998). The structure of the potassium channel: molecular basis of K conduction and selectivity. *Science*, 280: 69-77.

Duman, R.S., Henninger, G.R. & Nestler, E.J. (1997). A molecular and cellular theory of depression. *Arch. Gen. Psychiatry,* 54: 597-606.

Duprat, F., Lesage, F., Fink, M., Reyes, R., Heurteux, C. & Lazdunski, M. (1997). TASK, a human background K+ channel to sense external pH. *EMBO J.*, 16: 5464-5471.

Fava, M., Rosenbaum, J.F., McGrath, P.J., Stewart, J.M., Amsterdam, J.D. & Quitkin, F.M. (1994). Lithium and tricyclic augmentation of fluoxetine treatment for resistant major depression: a double-blind, controlled study. *Am. J. Psychiatry,* 151: 1372-1374.

Fink, M., Duprat, F., Lesage, F., Reyes, R., Romey, G., Herteux, C., & Lazdunski, M. (1996). Cloning, functional expression and brain localization of a novel unconventional outward rectifier K^+channel. *EMBO J.*, 15: 6854-6862.

7 Literaturverzeichnis

Fink, M., Lesage, F., Duprat, F., Heurteaux, C.,Reyes, R., Fosset, M. & Lazdunski, M. (1998). A neuronal two P domain K+ channel stimulated by arachidonic acid and polyunsatured fatty acids. *EMBO J.,* 17: 3297-3308.

Flor, H. (2000). The functional organization of the brain in chronic pain. *Prog. Brain. Res.* 129: 313-322.

Franks, N.P. & Honoré, E. (2004). The TREK K2P channels and their role in general anaestesia and neuroprotection. *Trends Pharmacol. Sci.*, 25 (11): 601-608.

Franks, N.P. & Lieb, W.R. (1988). Volatile general anesthetics activate a novel neuronal K+ current. *Nature.* 333(6174): 662-664.

Franks, N.P. & Lieb, W.R. (1991). Stereospecific effects of inhalational general anesthetics optical isomers on nerve ion channels. *Science.* 254(5030): 427-430.

Freud, S. (1917). Trauer und Melancholie. *Zeitschrift für ärztliche Psychoanalyse,* Bd. 4 (6): 435.

Freudenberg, P: (2005). Aufklärung zur Krankheit Depression. *Dissertation*: 7-9.

Fuller, R.W. & Wong, D.T. (1987). Serotonin reuptake blockers in vitro and vivo. *J. Clin. Psychopharmacol.*, 7: 14-20.

Geddes, J.R., Freemantle, N., Mason, J., Eccles, M.P. & Boynton, J. (2004). Selective serotonin reuptake inhibitors (SSRIs) versus other antidepressants for depression (Cochrane Review). *The Cochrane Library,* 2: 33 (15): 1049-1050.

Glassmann, A.H. (2010). Depression severity and effect of antidepressant medications. *JAMA.* 303(16): 1598

Goldstein, S.A., Price, L.A., Rosenthal, D.N. & Pausch, M.H. (1996). ORK1, a potassium-selective leak channel with two pore domains cloned from Drosophila melanogaster by expression in Saccharomyces cerevisiae. *Proc. Natl. Acad. Sci. USA.* 93(23): 13256-13261.

Goldstein, S.A., Bockenhauer, D., O´Kelly, I. & Zilberberg, N. (2001). Potassium leak channels and the KCNK family of two-P-domain subunits. 2: 175-184.

Gordon, J.A. & Hen, R. (2006). TREKing towards new antidepressants. *Nature Neurosc.,* 9: 1081-1083.

Graham, F.L., Smiley, J., Russell, W.C. & Nairn, R. (1977). Charakteristics of a human cell line transformed by DNA from human adenovirus type 5. *J. Gen. Virol.*, 36 (1): 59-74.

Gruss, M., Bushell, T.J., Bright, D.P., Lieb, W.R., Mathie, A. & Franks, N.P. (2004). Two-pore-domain K+ channels are a novel target for the anestethic gases xenon, nitrous oxide and cyclopropane. *Mol. Pharmacol.*65(2): 443-452.

Gurdon, J.B., C.D. Lane, H.R.Woodland & G. Marbaix. (1971). Use of frog eggs and oocytes for the study of messenger RNA and its translation in living cells. *Nature,* 233: 177-182.

Haley, W.E., Turner, J.A. & Romano, J.M. (1985). Depression in chronic pain patients: relation to pain, activity, and sex differences. *Pain.* 23(4): 337-343.

Hamill, O.P., Marty, A., Neher, E., Sakmann, B. & Sigworth, F.J. (1981). Improved patch-clamp techniques for high resolution current recording from cells and cell free membrane patches. *Pflugers Arch.*, 391 (2): 85-100.

Hervieu, G.J., Cluderay, J.E., Gray, C.W., Green, P.J., Ranson, J.L., Randall, A.D.& Meadows, H.J. (2001). Distribution and Expression of TREK-1, a two-pore-domain potassium channel, in the adult rat CNS. *Neuroscience,* 103: 899-919.

Hemeryck, A. & Belpaire, F.M., (2002). Selective serotonin reuptake inhibitors and cytochrome P-450 mediated drug-drug interactions: an update. *Curr. Drug Metab.*, 3: 13-37.

Heurteaux, C., Guy, N., Laigle, C., Blondeau, N., Duprat, F., Mazzuca, M., Lang-Lazdunski, L,, Widmann, C., Zanzouri, M., Romey, G. & Lazdunski, M. (2004). TREK-1, a K$^+$channel involved in neuroprotection and general anesthesia. *EMBO J.*, 23: 2684-2695.

Heurteaux, C., Lucas, G., Guy, N., El Yacoubi, M., Thümmler, S., Peng, X.D., Noble, F, Blondeau, N., Widmann, C, Borsotto, M, Gobbi, G, Vaugeois, JM, Debonnel, G. & Lazdunski, M. (2006). Deletion of the background potassium channel TREK-1 results in a depression-resistant phenotype. *Nat Neurosci.*, 9 (9): 1134-41.

Hiemke, C. & Laux, S. (2002). Therapeutisches Drug-Monitoring von Antidepressiva. In: Riederer, P, Laux, G. & Pöldinger, W. *Neuro-Psychopharmaka*, Bd.3 (2) Springer, Wien-New York: 911-922.

Hirschfeld, R.M., Keller, M.B., Panico, S., Arons, B.S., Barlow, D., Davidoff, F., Endicott, J., Froom, J., Goldstein, M., Gorman, J.M., Marek, R.G., Maurer, T.A., Mayer, R., Phillips, K., Ross, J., Schwenk, T.L., Sharfstein, S.S., Thase, M.E. & Wyatt, R.J. (1997). The National Depressive and Manic-Depressive Association consensus statement on the undertreatment of depression. *JAMA*, 277 (4): 333-340.

Hodgkin, A. L., Huxley, A.F. & Katz, B. (1952). Measurement of current-voltage relations in the membrane of giant axon Loligo. *J. Physiol. Lond.*, 116: 424-448.

Holsboer, F. (2001). Stress, hypercortisolism and corticosteroid receptorsin depression: implications for therapy. *J. Affect. Disord.* 62: 77-91.

Hong, H.K., Park, M.H., Lee, B.H. & Jo, S.H. (2010). Block of the human ether-a-go-go-related gene (hERG) K+ channel by the antidepressant desipramine. Biochem. *Biophys. Res. Commun.* 394(3): 536-541.

Honoré, E., Patel, A.J., Chemin, J., Suchyna, T. & Sachs, F. (2006). Desensitization of mechano-gated K2P channels. *Proc. Natl. Acad. Sci. U.S.A.* 103(18): 6859-6864.

Honoré, E. (2007). The neuronal background K2P channel. Focus on TREK-1. *Nature Neurosc., 8:* 251-261.

7 Literaturverzeichnis

Johannson, J.S. (2003). Noninactivating tandem pore domain potassium channels as attractive targets for general anestethics. *Anest. Analog.*, 96: 1248-1250.

Johnson, E.M., Whyte, E., Mulsant, B.H., Pollock, G.B., Weber, E. & Begley, A.E. (2006). Cardiovascular changes associated with venlafaxine in the treatment of late-life depression. *Am. J. Geriatr. Psychiatry*, 14: 796-802.

Jones, S.A., Morton, M.J., Hunter, M. & Boyett M.R. (2002). Expression of TASK-1, a pH-sensitive twin-pore domain K+ channel, in rat myocytes. *Am. J. Physiol. Heart. Circ. Physiol.*, 283: 181-185.

Kanfer, R. (1996). Self-regulatory and other non-ability determinants of skill acquisition. In J. A. Bargh & P. M. Gollwitzer (Eds.), *The Psychology of Action: Linking Cognition and Motivation to Behavior.* 404-423. New York: Guilford.

Kanowski, S. (1994). Age –dependent epidemiology of depression. *Gerontology*, 40 (1): 1-4.

Karson, C.N., Newton, J.E., Livingston, R., Jolly, J.B., Cooper, T.B., Sprigg, J. & Komorowski, R.a. (1993). Human brain fluoxetine concentrations. *J. Neuropsychiatry Clin. Neurosc.*, 5: 322-329.

Kasper, S. (1994). Diagnostik, Epidemiologie und Therapie der saisonal abhängigen Depression (SAD). *Nervenarzt*, 65: 69-72.

Kasper, S., Möller, H.J. & Müller-Spahn, F. (1997). Depression-Diagnose und Pharmakotherapie. Thieme: Stuttgart.

Kennard, LE, Chumbley JR, Ranatunga KM, Armstrong SJ, Veale EL & Mathie A. (2005). Inhibition of the human two-pore domain potassium channel TREK-1 by fluoxetine and its metabolite norfluoxetine. *Br. J. Pharmacol.*, 144 (6): 821-829.

Ketchum, K.A., Joiner WJ, Sellers AJ Kaczmarek LK & Goldstein SA (1995). A new family of outward rectifying potassium channel proteins with two pore domains in tandem. *Nature*, 376: 690-695.

Kim, Y., Bang, H. & Kim, D. (1999). TBAK-1 and TASK-1, two-pore K(+) channel subunits kinetic properties and expression in rat heart. *Am.J.Physiol.*277(5): H1669-1678.

Kindler, C.H., Yost, C.S. & Gray, A.T. (1999). Local anesthetic inhibition of baseline potassium channels with two pore domains in tendem. *Anesthesiology.* 90: 1092-1102.

Klingelhöfer, J. & Sprange, M. (2001). Klinikleitfaden Neurologie-Psychiatrie München. Jena: Jena.

Kobayashi, K., Ikeda, Y., Sakai, A., Yamasaki, N., Haneda, E., Miyakawa, T. & Suzuki, H. (2010). Reversal of hippocampal neuronal maturation by serotonergic antidepressants. *PNAS.* 107(18): 8434-8439.

Koh, S.D., Monaghan, K., Sergeant, G.P., Roh, S., Walker, R.L., Sanders, K.M. & Horwitz, B. (2001). TREK-1 regulation by nitric oxide and cGMP-dependent protein kinase. *J. Biol. Chem.*, 276: 44338-44346.

Kriegebaum, C., Song, N.N., Gutknecht, L., Huang, Y., Schmitt, A., Reif, A., Ding, Y.Q. & Lesch, K.P. (2010). Brain specific conditional and time specific inducible Tph2 knockout mice possess normal serotonergic gene expression in the absence of serotonin during adult life. *Neurochem. Int.* 57(5): 512-517.

Kuhn, R. (1957). Treatment of depressive states with an iminodibenzyl derivative (G22355). *Schweiz. Med. Wochenschr.*, 87 (35-36): 1135-1140.

Lane, C.D., Champion, J. & Craig, R. (1983). Signal sequences, secondary modification and the turnover of miscompartmentalized secretory proteins in Xenopus Oocytes. *Eur. J. Biochem.*, 136 (1): 141-146.

Lane, R., Baldwin, D. & Preskorn, S. (1995). The SSRIs: advantages, disadvantages and differences. *J. Psychopharmacol.*, 9: 163-178.

Lämmli. (1970). Cleavage of structural proteins during assembly of the head of bacteriophage T4. *Nature,* 227: 680-685.

Lee, H.M., Hahn, S.J. & Choi, B.H. (2010). Open channel block of Kv1.5 currents by citalopram, *Acta. Pharmacol. Sin.*, 31(4): 429-435.

Lenz, F.A., Gracely, R.H., Baker, F.H., Richardson, R.T. & Dougherty, P.M. (1998). Reorganisation of sensory modalities evoked by microstimulation in region of the thalamic principal sensory nucleus in patients with pain due to nervous system injury. *J. Comp. Neurol.* 399(1): 125-138.

Leonoudakis, D., Gray, A.T., Winegar, B.D., Kindler, C.H. Harada, M., Taylor, D.M., Chavez, R.A., Forsayeth, J.R. & Yost, C.S. (1998). An open rectifier potassium channel with two pore domains in tandem cloned from rat cerebellum. *J. Neurosc.* 18: 868-877.

Lesage F (2003). Pharmacology of neuronal background potassium channels. *Neuropharmacology*, 44: 1-7.

Lesage F & Lazdunski M. (2000). Molecular and functional properties of two-pore-domain potassium channels. *Am. J. Physiol. Renal. Physiol.*, 279: 793-801.

Lesage, F., Guillemare, E., Fink., M., Duprat, F., Lazdunski, M, Romey, G. & Barhanin, J. (1996). TWIK-1, a ubiquitous human weakly inward rectifying K+ channel with a novel structure. *EMBO J.,* 15: 1004-1011.

Lewinsohn, P.H. (1974). A behavioral approach to depression. In R.J.F.M.M. Katz (Ed.), *The psychology of depression: Contemporary theory and research.* Washington, D.C.: Winston, Wiley.

Lewinsohn, P.H., Hoberman, H.M. & Hautzinger, M. (1985). An integrative theory of depression. In R.R, Bootzin (Ed.), Theoretical issues in behavior therapy. New York: Academic Press.

Li, X.T., Dyachenko, V., Zuzarte, M., Putzke, C., Preisig-Müller, R., Isenberg, G. & Daut, J. (2006). The stretch-activated potassium channel TREK-1 in rat cardiac ventricular muscle. *Cardiovas.Res.,* 69: 86-97.

Liu H, Enyeart JA, Enyart JJ. (2007). Potent Inhibition of native TREK-1 K+ channels by selected dihydropyridine Ca2+ channel antagonist. *J. Pharmac. and Experimental Therapeutics*, 323 (1): 39-48.

Lopes, C.M.B., Gallagher, P.G., Buck, M.E., Butler, M.H. & Goldstein, S.A.N. (2000). Proton block and voltage gating are potassium-dependent in the cardiac leak channel Kcnk3. *J.B.C.* 564: 117-129.

Lopes, C.M., Zilberberg N. & Goldstein S.A. (2001). Block of KCNK3 by protons. Evidence that 2-P-domain potassium channel subunits function as homodimers. *J. Biol. Chem.*, 276: 24449-24452.

Lopez-Ibor, J.J. (1993). Reduced suicidality on paroxetine. *Eur. Psychiatry 1*, 8: 17-19.

Lotshaw, D.P. (2007). Biophysical, pharmacological and functional characteristics of cloned and native mammalian two-pore domain K+ channels. *Cell. Biochem. Biophys.* 47: 209-256.

Lönnqvist, J. (2000). Psychiatric Aspects of Suicidal Behaviour: Depression: In K.Hawton & K. van Heeringen (Eds.), *The international Handbook of Suicide and Attempted Suicide*: 107-120. Chichester: John Wiley & Sons.

Lundmark, J., Reis, M., Bengtsson, F. (2001). Serum concentrations of fluoxetine in the clinical treatment setting. *Ther. Drug. Monit.* 23: 139-147.

Mago, R., Mahajan, R. & Thase, M.E. (2008). Medically serious adverse effects of newer antidepressants. *Curr. Psychiatry. Rep.*, 10 (3): 249-257.

Maingret F, Honoré E, Lazdunski M & Patel A. (2002). Molecular basis of the voltage-dependent gating of TREK-1, a mechano-sensitive K^+ channel. *Biochem. Biophys. Res. Commun.*, 292 (2): 339-336.

Maingret F, Patel AJ, Lesage F, Lazdunski M & Honoré E. (1999). Mechano- or acid stimulation, two interactive modes of activation of the TREK-1 potassium channel. *JBC.*, 274 (38): 26691-26696.

Mann, J. (1999). Role of the serotonergic system in the pathogenesis of major depression and suicidal behavior. *Neuropsychopharmacology.* 21: 99S-105S.

Marks, D.M., Shah, M.J., Patkar, A.A., Masand, P.S., Park, G.Y. & Pae, C.U. (2009). Serotonin-Norepinephrine Reuptake Inhibitors for Pain control: Premise and promise. *Curr. Neuropharmac.*, 7: 331-336.

Martinez, C. (2010). Use of venlafaxine compared with other antidepressants and the risk of sudden cardiac death or near death: a nested case-control study. *BMJ.* published online. 340: c249.

Max, M.B., Zeigler, D., Shoaf, S.E., Craig, E., Benjamin, J., Li, S.H., Buzzanell, C., Perez, M. & Gosh, B.C. (1992). Effects of a single oral dose of desipramine on postoperative morphine analgesia. *J. Pain. Symptom Manage.* 7(8): 454-462.

Meadows, H.J., Benham, C.D., Cairns, W., Gloger, I., Jenings, C., Medhurst, A.D., Murdock, P. & Chapman, C.G. (2000). Cloning, localization and functional expression of the human orthologue of the TREK-1 potassium channel. *Pflugers Arch.* 439: 714-722.

Millar, J.A., Barratt, L., Southan, A.P., Page, K.M., Fyffe, R.E., Robertson, B & Mathie, A. (2000). A functional role for the two pore domain potassium channel TASK-1 in cerebellar granule neurons. *Proc. Natl. Acad. Sci. U.S.A.* 97: 3614-3618.

Miller, P., Kemp, P.J., Lewis, A., Chapman, C.G., Meadows, H.J. & Peers, C. (2003). Acute hypoxia occludes hTREK-1 modulation: re-evaluation of the potential role of tandem P domain K+ channels in central neuroprotection. *J. Physiol.* 548 (Pt 1): 31-37.

Minov, C., Baghai, T.C., Schule, C., Zwanziger, P., Schwarz, M.J., Zill, P., Rupprecht, R. & Bondy, B. (2001). Serotonin-2a-receptor and –transporter polymorphism: lack of association in patients with major depression. *Neurosc. Lett.* 303: 119-122.

Montgomery, S.A., Dunner, D.L. & Dunbar, G. (1995). Reduction of suizidal thoughts with paroxetione in comparison to reference antidepressants and placebo. *Eur. Neuropsychopharmacol.*, 5: 5-13.

Murray, C.J.L. & Lopez, A.D. (1997). The global burdon of desease in 1990: Final results and their sensitivity to alternative epidemiological perspectives, discount rates, age wheights and disability weights. In C.J. Murray & A.D.Lopez (Eds.). *The Global Burden of Disease*: 247-293. Harvard: Harvard University Press.

Neher, E. & Sakmann, B. (1976). Single-channel currents recorded from membrane of denervated frog muscle fibres. *Nature*, 260: 799-802.

Nemeroff, C.B. (2007). Prevalence and management of treatment-resistant depression. *J. Clin. Psychiatry*, 68 (8): 17-25.

Nerbonne, J.M. (2004). Studying cardiac arrhythmias in the mouse-a reasonable model for probing mechanism? *TCM*, 14 (3): 83-93.

Nerbonne, J.M. & Kass, R.S. (2005). Molecular physiology of cardiac repolarization. *Physiol. Rev.* 85: 1205-1253.

Oehrlein, K.B. (2006) Untersuchungen zur Interaktion des Inhalationsanästhetikums Halothan mit K^+-Kanälen mit zwei Porendomänen. Dissertation.

Ohno, Y., Hibino, H., Lossin, C., Inanobe, A. & Kurachi, Y. (2007). Inhibition of astroglial Kir4.1 channels by selective serotonin reuptake inhibitors. *Brain Res.,*1178: 44-51.

Orsulak, A.D., Kenney, J.T., Debus, J.R., Crowley, G. & Wittman, P.D. (1988). Determination of the antidepressant fluoxetine and its metabolite norfluoxetine in serum by reversedphase HPLC with ultraviolet detection. *Clin. Chem.*, 34: 1875-1878.

Pancrazio, J.J., Kamatchi, G.L., Roscoe, A.K. & Lynch, C. (1998). Inhibition of neuronal Na+ channels by antidepressant drugs. *J. Pharmacol. Exp. Ther.* 284(1): 208-214.

Pardo, L.A., Heinemann, S.H., Terlau, H., Ludewig, U., Lorra, C., Pongs, O. & Stühmer, W. (1992). Extracellular K+ specifically modulates a rat brain K+ channel. *Proc. Natl. Acad. Sci. USA*, 89 (6): 2466-2470.

Park, H.J. & Moon, D.E. (2010). Pharmacological Management of chronic pain. *Korean J. Pain.*, 23 (2): 99-108.

Patel, A.J. & Lazdunski, M. (2004). The 2P-domain K+ channels: role in apoptosis and tumorigenesis. *Pflugers Arch.*, 448: 261-273.

Patel, A.J. & Honore, E. (2001). Properties and modulation of mammalian 2P domain K+ channels, *Trends Neurosci*, 24: 339-346.

Patel, A.J. (1999). Inhalation anestethics activate two-pore domain K^+ channels. *Nat.Neurosci.*, 2: 422-426.

Patel, A., Honoré, E., Maingret, F., Lesage, F., Fink, M., Duprat, F. & Lazdunski, M. (1998). A mammalian two pore domain mechano-gated S-like K+ channel. *EMBO J.* 17(15): 4283-4290.

Pauwels, P.J. (2000). Diverse signaling by 5-hydroxytryptamine (5-HT) receptors. *Biochem. Pharmacol.*, 60: 1743-1750.

Paykel, E.S., Cooper, Z., Ramana, R. & Hayhurst, H. (1996). Life events, social support and marital relationships in the outcome of severe depression. *Psychol-Med*, 26 (1): 121-133.

Perlis, R.H., Moorjani, P, Fagerness, J., Purcell, S., Trivedi, M.H., Fava, M., Rush, A.J. & Smoller, J.W. (2008). Pharmacogenetic analysis of genes implicated in models of antidepressant response: Association of TREK-1 and treatment resistance in the STAR*D study. *Neuropsychopharmacology*, 33: 2810-2819.

Perry, P.J., Zeilmann, C. & Arndt, S. (1994). Tricyclic antidepressant concentrations in plasma: an estimate of their sensitivity and specificity as apredictor of response. *J. Clin. Psychopharmacol.*, 14: 230-240.

Preskorn, S.H. & Fast, G.A. (1991). Therapeutic drug monitoring for antidepressants: efficacy, safety, and cost effectiveness. *J. Clin. Psychiatry,* 52: 23-33.

Putzke C, Wemhöner K, Sachse FB, Rinne S, Schlichthörl G, Li XT, Jae L, Eckhard I, Wischmeyer E, Wulf H, Preisig-Müller R, Daut J & Decher N. (2007). The acid-sensitive potassium channel TASK-1 in rat cardiac muscle. *Cardiovasc. Res.*, 75 (1): 59-68.

Rajan, S., Wischmeyer, E., Karschin, C., Preisig-Müller, R., Grzeschik, KH., Daut, J., Karschin, A. & Derst, C. (2001). THIK-1 and THIK-2, a novel subfamily of tandem pore domain K channels. *JBC,* 276: 7302-7311.

Rajan, S., Preisig-Müller, R., Wischmeyer, E., Nehring, R., Hanlexy, P.J., Renigunta, J. (2002). Interaction with 14-3-3 proteins promotes functional expression oft he potassium channels TASK-1 and TASK-3. *J.Physiol.*, 545 (1): 13-26.

Reichold, M. (2008). Die physiologische Rolle des 2P-Domänen-Kaliumkanals TWIK-1 in der Niere und im Pankreas. *Dissertation*, 9.

7 Literaturverzeichnis

Rickels, K. & Schweizer, E. (1990). Clinical overview of serotonin reuptake inhibitors. *J. Clin. Psychiatry,* 51: 9-12.

Robins, L.N. & Regier, D.A. (1991). Psychiatric disorders in America: The epidemiologic catchment area study. *Free Press, New York.*

Rosenthal, R. (2000). L-Typ Ca2+-Kanal, FGF-Rezeptor 2 und Pathomechanismen der retinalen Dystrophie. Dissertation

Saarto, T. & Wiffen, P.J. (2010). Antidepressants for neuropathic pain: a Cochrane review. J. Neurosurg. Psychiatry (unprinted).

Saiki, R.K., Scharf, S., Faloona, F., Mullis, K.B., Horn, G.T., Erlich, H.A. & Arnheim, N. (1985). Enzymatic amplification of beta-globin genomic sequences and restriction site analysis for diagnosis of sickle cell anemia. *Science,* 230: 1350-1354.

Salzberg, M. & Vajda, F.J.E. (2001). Epilepsy, depression and antidepressant drugs. *J. Clin. Neurosci.,* 8: 209-215.

Sandoz, G., Thümmler, S., Duprat, F., Feliciangeli, S., Vinh, J., Escoubas, P., Guy, N., Lazdunski, M. & Lesage, F. (2006). AKAP150, a switch to convert mechano-, pH- and arachidonic acid-sensitive TREK K+ channels into open leak channels. *EMBO J.,* 25: 5864-5872.

Sandoz, G., Douguet, D, Chatelain, F., Lazdunski, M. & Lesage, F. (2009). Extracellular acidification exerts opposite actions on TREK1 and tREK2 potassium channels via a single conserved histidine residue. *Proc. Natl. Acad. Sci.* USA, 106 (34): 14628-14633.

Sanger, F., Nicklen, S. & Coulson, A.R. (1977). DNA sequencing with chain determining inhibitors. *Nebr. Med. J.,* 62: 422-424.

Sanguinetti, M.C. & Jurkiewicz, N.K. (1992). Role of external Ca2+ and K+ in gating of cardiac delayed rectifier K+ currents. *Pflugers Arch.,* 420 (2): 180-186.

Schüle, C. (2007). Neuroendocrinological mechanisms of actions of antidepressant drugs. *J. Neuroendocrinol.* 19(3): 213-226.

Schwabe, U. & Paffrath, D. (2003). Arzneimittelverordnungsreport 2002. Springer-Verlag, Berlin/Heidelberg.

Siegelbaumn, S.A., Camardo, J.S. & Kandel, E.R. (1982). Serotonin and cyclic AMP close single K+channels in Aplysia sensory neurons. *Nature.* 299(5882):413-7.

Simkin, D., Cavanaugh, E.J. & Kim, D. (2008). Control of the single channel conductance of K2P10.1 (TREK-2) by the amino-terminus: role of alternative translation initiation. *J. Physiol.,* 586: 5651-5663.

Sirois, J.E., Lei, Q., Talley, E.M., Lunch, C. & Bayliss, D.A. (2000). The TASK-1 two pore domain K+ channel is a molecular substrate for neuronal effects of inhalation anestethics. *J.Neurosc.,* 20: 6347-6354.

7 Literaturverzeichnis

Spina, E., Santoro, V. & Concetta, A. (2008). Clinically relevant pharmacokinetics drug interactions with second –generation antidepressants: an update. *Clin. Therap.*, 30 (7): 1206-1227.

Strauss, W.L., Unis, A.S., Cowan, C., Dawson, G. & Dager, S.R. (2002). Fluorine magnetic resonance spectroscopy measurement of brain fluvoxamine and fluoxetine in pediatric patients treated for pervasive developmental disorders. *Am. J. Psychiatry*, 159: 755-760.

Talley, E.M., Solorzano, G., Lei, Q., Kim, D. & Bayliss, D.A. (2001). CNS distribution of members of the two-pore-domain (KCNK) potassium family. *J. Neurosci.*, 21 (19): 7491-7505.

Talley, E.M. & Bayliss, D.A. (2002). Modulation of TASK-1(KCNK3) and TASK-3 (KCNK9) potassium channels: volatile anestethics and neurotransmitters share a molecular site of action. *J. Biol. Chem.*, 277: 17733-17742.

Talley, E.M., Sirois, J.E., Quibo, L. & Bayliss, D. (2003). Two-pore-Domain (Kcnk) potassium channels: Dynamic roles in neuronal function. *Neuroscientist*, 9(1): 46-56.

Tan, J.H., Liu, W. & Saint, D.A. (2004). Differential expression of the mechanosensitive potassium channel TREK-1 in epicardial and endocardial myocytes in rat ventricle. *Exp. Physiol.*, 89: 237-242.

Taylor, D. (2010). Venlafaxine and cardiovascular toxicity. *BMJ*, 340: 327.

Terrenoire, C., Lauritzen, I., Lesage, F., Romey, G. & Lazdunski, M. (2001). A TREK-1 like potassium channel in atrial cells inhibited by β-adrenergic Stimulation and activated by volatile anesthetics. *Circ. Res.* 89: 336-342.

Thanacoody, H.K., & Thomas, S.H. (2005). Trizyclic antidepressant poisoning: cardiovascular toxicity. *Toxicol Rev.*, 24: 205-214.

Thomas, D., Plant, L.D., Wilkens, C.M., McCrossan, Z.A. & Goldstein, S.A. (2008). Alternative translation initiation in rat brain yields K2P2.1 potassium channels permeable to sodium. *Neuron*, 58 (6): 859-870.

Thümmler, S., Duprat, F. & Lazdunski, M. (2007). Antipsychotics inhibit tREK but not TRAAK channels. *Biophys. Biochem. Res. Comm.*, 354: 284-289.

Tinazzi, M., Fiaschi, A., Rossi, T., Faccioli, F., Grosslercher, J. & Aglioti, S.M. (2000). Neuroplastic changes related to pain occur at multiple levels of the human somatosensory system: A somatosensory evoked potential study in patients with cerviacal radicular pain. *J. Neurosc.* 20(24): 9277-9283.

Tsai, S.J., Hong, C.J. & Liou, Y.J. (2008). Brain derived neurotrophic factor and antidepressants action another piece of evidence from pharmacogenetics. *Pharmacogenomics.* 9(9): 1353-1358.

Towbin, H, Staehlin, T. & Gordon, J. (1979). Electrophoretic transfer of proteins from polyacrylamide gels to nitrocellulose sheets: procedure and some applications. *Proc. Natl. Acad. Sci. USA.*, 76 (9): 4350-4354.

Urani, A., Chourbaji, S. & Gass, P. (2005). Mutant mouse models of depression: Candidate genes and current mouse lines. *Neurosc. Beh. Rev.*, 29: 805-828.

Urban, B.W. & Bleckwenn, M. (2002). Concepts and correlations relevant to general anaesthesia. *Br J. Anaesth.*, 89 (1): 3-16.

Vaidya, V.A. & Duman, R.S. (2001). Depression-emerging insights from neurobiology. *Br. Med. Bull.*, 57: 61-79.

Van der Mey, M., Windhorst, A.D., Klok, R.P., Herscheid, J.D., Kennnis, L.E., Bischof, F., Bakker, M., Langlois, X, Heylen, L., Jurzak, M. & Leysen, J.E. (2006). Synthesis and biodistribution of [11C]R107474, a new radiolabeled alpha2-adrenoceptor antagonist. *Bioorg. Med. Chem.* 14(13): 4526-4534.

Washburn, C.P., Sirois, J.E., Talley, E.M., Patrice, G.G. & Bayliss, D.A. (2002). Serotonergic raphe neurons express TASK channel transcripts and a TASK-like pH- and Halothane-sensitive K+ conductance. *J. Neurosc.*, 22 (4): 1256-1265.

Weilburg, J.B., Rosenbaum, J.F., Biedermann, J., Sachs, G.S., Pollak, M.H. & Kelly, K. (1991). Tricyclic augmentation of fluoxetine. *Ann. Clin. Psychiatry*, 3: 209-213.

Wilson, M.R., Coleman, A.L., Yu, F., Fong Sasaki, I., Bing, E,G. & Kim, M.H. (2002). Depression in patients with glaucoma as measured by self-report surveys. *Ophtalmology*. 109(5): 1018-1022.

Wolfersdorf, M. (2000). Der suizidale Patient in Klinik und Praxis. Suizidalität und Suizidprävention. Stuttgart: Wissenschaftliche Verlagsgesellschaft.

Yang, Y.C., Huang, C.S. & Kuo, C.C. (2010). Lidocaine, carbamazine, and imipramine have partially overlapping binding sites and additive inhibitory effect on neuronal Na^+ channels, *Anesthesiology*, 113(1):160-174.

Yang J, Jan Y.N. & Jan, L.Y. (1995). Control of rectification and permeation by residues in two distinct domains in an inward rectifier K^+ channel. *Neuron*, 14: 1047-1054.

7 Literaturverzeichnis

8 Abbildungsverzeichnis

Abb.	Titel	Seite
1	Genetische Variabilität von pharmakokinetischen und pharmakodynamischen Mechanismen	13
2	Dendrogramm der K2P-Kanalfamilie	19
3	Topologie von K2P-Kanälen	20
4	Subzellulare Lokalisation von TREK-1 und TASK-1 in Kardiomyozyten	21
5	Expressionsanalyse von K_{2P}-Kanälen in Hirn- (brain) und Herzgewebe (heart) aus der Ratte	21
6	Polymodale Aktivierung von TREK-1 durch physikalische und chemische Stimuli	24
7	Diskontinuierliche SDS-Polyacrylamid-Gelelektrophorese (SDS-PAGE).	42
8	Spannungsrampen und Spannungssrünge	45
9	HEK-293	46
10	Membranpatch	48
11	Vereinfachtes Schema des Patch-Clamp-Experimentaufbaus	49
12	Ganzzellableitungen an Xenopus laevis Oozyten	52
13	Antidepressiva inhibieren TASK-1 konzentrationsabhängig	52
14	Fluoxetin inhibiert THIK-1 konzentrationsabhängig	53
15	„run-up" des humanen TREK-1	54
16	Strom-Spannungsrampe von WT in einer Kontrolllösung und nach der Applikation von Antidepressiva	55
17	TREK-1 [WT], exprimiert in Oozyten wird durch Antidepressiva unterschiedlicher Stoffgruppen blockiert	56
18	Der Kaliumkanal Kir 2.1 im Herzen wird nicht durch Fluoxetin blockiert	57
19	Doppelapplikation von Fluoxetin und Maprotilin	58

8 Abbildungsverzeichnis

20	TREK-1 im Expressionssystem HEK-293 Zellen wird von Fluoxetin bereits in human-wirkungsspezifischen Konzentrationen inhibiert.	60
21	Fluoxetin Applikation inhibiert TASK-1 in HEK- Zellen	61
22	THIK-1 interagiert mit mehreren Antidepressiva	61
23	Dosis-Wirkungskurve von TREK-1 [VLFLI] nach der Applikation von Fluoxetin	63
24	Fluoxetin inhibiert C-terminale TASK-1 Mutanten ähnlich wie WT	64
25	Alignment von TREK-1 aus dem Menschen (hTREK-1) und der Ratte (rTREK-1)	65
26	Expression von TREK-1[WT], der kurzen Deletionsmutante TREK-1[ΔN52], der langen Isoform TREK-1[M53I]	67
27	TREK-1 [Δ52N] ist permeabel für Kalium und Natrium Ionen	68
28	Die kurze Isoform TREK-1[ΔN52] unterscheidet sich in ihrer Sensitivität gegenüber von Wildtyp, TREK-1[M53I] besitzt eine ähnliche Sensitivität	69
29	Fluoxetin inhibiert K2P-Kanäle in nativen Herzzellen	70
30	Western Blot zum Nachweis der TREK-1 Isoformen in Kardiomyozyten	71

9 Abkürzungsverzeichnis

Amp	Ampicillin
BDNF	Brain derived neurotrophic factor
BSA	Bovine Serum Albumin
cAMP	cyclic Adenosine Monophosphate
COOH	Carboxylgruppe
CREB	cAMP response element binding protein
DEPC	Diethyl pyrocarbonate
DNA	Deoxyribonucleic acid
DUAL	von lat. dualis „zwei enthaltend"
ΔN52	TREK-1 Deletionsmutante, der 52 As am N-terminalen Ende fehlen
E.coli	Escherichia coli
GFP	Green Fluorescent Protein
HEK293	Human Embryonic Kidney Cells
HEPES	4-(2-hydroxyethyl)-1-piperazineethanesulfonic acid
HHN	Hypothalamus-Hypophysen-Nebennierenrinden-Achse
HHS	Hypothalamus-Hypophysen-Schilddrüsen-Achse
HUGO	Human Genome Organisation
in *vitro*	lateinisch, im Glas
IC_{50}	halbmaximale Inhibition
ICD-10	International classification of diseases
IUPHAR	International Union of Pharmacology
KCNK	Two-pore-domain channels
KOZAK	Kozak consensus sequence (gcc)gccRccAUGG
K2P	2 Poren-Domäne Kalium Kanal
MAO	Monamin-Oxidase
MOPS	Puffer, 3-(N-Morpholino)-Propansulfonsäure
mRNA	Messenger RNA
M53I	TREK-1 Mutante, bei der die 53 As Methionin durch Isoleucin ausgetauscht wurde
NaSSA	noradrenerges und spezifisch serotonerges Antidepressivum
ND96	physiologische Kaliumlösung mit 5 mM Kalium
NE	Norepinephrin
NH_2	Aminogruppe

NTP	Nukleotidtriphodphat
PBS	Phosphate buffered saline
PCR	Polymerase chain reaction
PKA	Protein Kinase
pSGEM	Vektor
RIMA	Reversible und selektive Hemmer der Monoaminoxidase A
SDS	Sodium dodecyl sulfate
SNRI	Selective Noradrenalin Reuptake Inhibitor
SSRI	Selective Serotonin Reuptake Inhibitor
TAE	Tris-Acetat-EDTA-Puffer
S2	Schneider Zellen
TBS	Tris-buffered Saline
TASK	TWIK-related Acid Sensitive K^+ channel
TDM	Therapeutic Drug Monitoring
THIK	Tandem-pore domain Halothane Inhibited K^+-channel
TREK	TWIK Related K^+ channel
TWIK	Tandem of P domains in weak rectifying K^+ channel
TZA	Trizyklische Antidepressiva
UV	ultraviolett
WHO	World Health Organization
5-HT	Serotonin, auch 5-Hydroxytryptamin

10 Tabellenverzeichnis

Tabelle	Titel	Seite
1	Blutspiegel von Antidepressiva, die nach derzeitigem Stand des Wissens für die Therapieoptimierung als Zielspiegel (therapeutisches Fenster) eingestellt werden sollten	14
2	Nomenklatur der „Human Genome Organisation" (HUGO) und die der „International Union of Pharmacology" (IUPHAR).	17
3	Herstellernachweis der verwendeten Antidepressiva	27
4	Strukturformeln der verwendeten Antidepressiva	27
5	Herstellernachweis aller verwendeter Reagenzienkits	28
6	Konzentrationen der Antibiotika-Stammlösungen	28
7	Antikörper mit Herstellernachweis	28
8	Enzyme mit Herstellernachweis	29
9	Marker/Nukleotide mit Herstellernachweis	29
10	Sequenzen der verwendeten Primer	29
11	Software mit Herstellernachweis	30
12	Material mit Herstellernachweis	108
13	Geräte mit Herstellernachweis	108
14	Nährmedien für E.coli, HEK-293 Zellen und Xenopus laevis Oocyten	110
15	Rezept für Agarose-Gelelektrophorese	111
16	SDS mit Western-Blot	112
17	Lösung für elektrophysiologische Messungen an *X. laevis* Oozyten	113
18	Präparation der Membranfraktion von *X.laevis* Oozyten	113

10 Tabellenverzeichnis

19	Präparation der Membranfraktion von HEK-293 Zellen	113
20	Lösung für elektrophysiologische Messungen an HEK-293-Zellen	114

14 Ehrenwörtliche Erklärung

11 Anhang

Tabelle 12: Material mit Herstellernachweis

Material	Hersteller
Chromatographiepapier	Whatman, England
3.5´Drummond Replacement Tubes	Drummond Scientific Company, USA
Einmal-Injektionskanüle	B.Braun Biotech, Melsungen
Elektroden GC200 F-15	Clark Electromedical Instruments, USA
Falcon-Glaspipetten 5 ml, 10 ml, 25 ml	Becton Dickinson, Heidelberg
Falcon-Röhrchen 10 ml, 50 ml	Becton Dickinson, Heidelberg
Handschuhe Rotiprotect-Nitril	Roth, Karlsruhe
Immobilon-P Transfer Membran (PVDF)	Millipore, USA
Kodak Biomax Light Film, BML-1	Kodak, Stuttgart
Parafilm	Becton Dickinson
Petrischalen 100 x 15	Becton Dickinson, Heidelberg
Petrischalen 35 x 10 mm	Becton Dickinson, Heidelberg
Pipettenspitzen	Eppendorf, Hamburg
Reaktionsgefäße	Eppendorf, Hamburg
Skalpell	B. Braun Biotech, Melsungen
S.O.C.Medium	Invitrogen, Karlsruhe
24-Well-Zellkulturplatten	Nunc, Dänemark

Tabelle 13: Geräte mit Herstellernachweis

Gerät	Hersteller
<u>Autoklav:</u> 5075 ELC	Tuttnauer Systec, Wettenberg
<u>Brutschränke:</u>	

14 Ehrenwörtliche Erklärung

Brutschrank kalvitron t	Heraeus Instruments, Hanau
Hera cell 240	Heraeus Instruments, Hanau
Wärmeschrank WB 22	Mytron, Heiligenstadt

DNA-Sequenzierer:

ABI Prism™310 Genetic Analyzer	Applied Biosystems, Darmstadt

Elektrophysiologie:

Drummond Nonoject	Drummond Scientific Company, USA
L/M-3P-A	List Medical, Darmstadt
P-97 Flaming/Brown Micropipette Puller	Sutter Instruments Co., USA
Verstärker Turbo Tec-10cx	NPI Electronic Instruments, Tamm

Entwicklungsmaschine:

Curix 60	AGFA, Belgien

Geldokumentation:

UV-Transilluminator TI-1	Biometra, Göttingen
Video Graphic Printer UP-890 CE	Intas, Göttingen

Heizblöcke:

Thermomixer comfort	Eppendorf, Hamburg
Thermomixer compact	Eppendorf, Hamburg
Metallblock Thermostate	Thermo-Dux, Wertheim

Magnetrührer:

MR 3000	Heidolph, Kelheim

Mikroskope:

Binokular Stemi SV 11	Zeiss, Göttingen
IX51	Olympus, Hamburg
Axiovert 35	Zeiss, Göttingen

14 Ehrenwörtliche Erklärung

pH-Meter:

pH-Meter CG 840	Schott, Jena

Photometer:

GeneQuant pro	Amersham, Freiburg

Pipetten und Pipettierhilfen:

Eppendorf Reference®	Eppendorf, Hamburg
Pipettus®-akku	Hirschmann Laborgeräte, Eberstadt

Schüttler:

Schüttler/Brutschrank 3032	GFL, Burgwedel

SDS-PAGE und Blotting-Apparatur:

Mini-Protean II Electrophoresis Cell	Bio-Rad, München
Mini Trans-Blot Electrophoretic Transfer Cell	Bio-Rad, München
Vakuum-Verpackungsgerät	Krups, Offenbach am Main

Spannungsgeräte:

Electrophorese Power Supply EPS 301	Amersham, Freiburg
Power Pac 200	Bio-Rad, München
Stromversorger GPS 200/400	Pharmacia LKB, Freiburg

Sterilbank:

Hera safe	Heraeus Instruments, Hanau

Thermocycler:

Thermocycler T3	Biometra, Göttingen
Thermocycler UNO II	Biometra, Göttingen

Vortexer:

Vortex-Genie 2	Scientific Industries, USA
VF2 Vortex	IKA Labortechnik

14 Ehrenwörtliche Erklärung

Waagen:

Präzisionswaagen	Sartorius Laboratory, Göttingen

Wasserbad:

Wasserbad	GFL, Burgwedel

Zentrifugen:

Biofuge fresco	Heraeus Instruments, Hanau
Biofuge pico	Heraeus Instruments, Hanau
PicoFuge® Microcentrifuge	Stratagene, USA
Speed-Vac Connentrator SC 110	Savant, USA
Zentrifuge J2-MC	Beckman, Osterode

Tabelle 14: Nährmedien für E.coli, HEK-293 Zellen und Xenopus laevis Oocyten

Bezeichnung	Inhaltsstoffe
DMEM	4,5 g/l Glucose
	0,6 g/l L-Glutamin
	10 % fötales Rinderserum
	1 % Penicilin/Streptomycin
	2 % HEPES
Inkubationslösung X.laevis Oocyten	96 mM NaCl
	2 mM KCl
	1 mM $CaCl_2$
	1 mM $MgCl_2$
	5 mM HEPES
	2,5 mM Natriumpyruvat
	100 µg/ml Gentamycin, pH 7,4

14 Ehrenwörtliche Erklärung

LB-Medium	20 g LB Broth Base
	Ad 1l ddH$_2$O
LB-Platten	20 g LB Broth Base
	15 g Agar
	Ad 1l ddH$_2$O
TFBI	300 mM Natriumacetat, pH 5,8
	50 mM MnCl$_2$
	100 mM NaCl
	10 mM CaCl$_2$
	15 % Glycerin (99 %)
TFBII	10 mM MOPS
	10 mM NaCl
	75 mM CaCl$_2$
	15 % Glycerin (99 %), pH 7,0

Agarose-Gelelektrophorese

Tabelle 15: Rezept für Agarose-Gelelektrophorese

Bezeichnung	Inhaltsstoffe
DEPC-H$_2$O (0,1%)	1 ml DEPC
	Ad 1l ddH$_2$O
	Über Nacht rühren lassen
Mops (5x)	0,1 M MOPS, pH 7,0
	40 mM Natriumacetat
	5 mM EDTA, pH 8,0

14 Ehrenwörtliche Erklärung

Probenpuffer RNA	ad 1l DEPC-H_2O 10 ml MOPS (5x) 8,5 ml Formaldehyd (37 %) 25 ml Formamid 2,5 ml Glycerol 0,1 mM EDTA, pH 8,0 1,25 ml Bromphenolblau (1 %) Ad 50 ml ddH_2O
TAE (50x)	2 M Tris 50 mM EDTA, pH 8,0 57,1 ml Eisessig (100 %) Ad 1l ddH_2O

Tabelle 16: SDS mit Western-Blot

Bezeichnung	Inhaltsstoffe
ECL-Lösung: Lösung A	0,1 M Tris-HCl, pH 8,6 0,25 mg/ml Luminol
Lösung B	1,1 mg/ml Para- Hydroxycoumarinsäure in DMSO lösen
ECL-Reaktionsansatz	1 ml Lösung A 0,3 µl H_2O_2 (35 %)

	100 µl Lösung B
Elektrophorese-Laufpuffer (10x)	250 mM Tris-Base
	1,9 Glycin
	35 mM SDS
	ad 1l ddH$_2$O, pH 8,3
5 % Sammelgel	1,7 ml 30 % Acrylamid
	2,5 ml 0,5M Tris-HCl, pH 6,8
	0,1 ml 10 % SDS
	5,7 ml ddH$_2$O
	50 µl 10 % APS
	10 µl TEMED
SDS-Probenpuffer (6x)	250 mM Tris-HCl, pH 6,8
	500 mM DTT
	10 % SDS
	0,1 % Bromphenolblau
	10 % Glycerol (99 %)
TBS (10x)	100 mM Tris-HCl, pH 7,4
	1,5 M NaCl
	ad 1l ddH$_2$O
Towbin-Puffer	25 mM TrisHCl
	192 mM Glycerin
	20 % Methanol
	ad 1l ddH$_2$O
	3,3 ml 30 % Acrylamid

10 % Trenngel	2,5 ml 1,5 M Tris-HCl, pH 8,8
	0,1 ml 10 % SDS
	4,1 ml ddH$_2$O
	50 µl 10 % APS
	5 µl TEMED

Tabelle 17: Lösung für elektrophysiologische Messungen an *X. laevis* Oocyten

Bezeichnung	Inhaltsstoffe
ND96-Lösung	96 mM NaCl
	2 mM KCl
	1 mM CaCl$_2$
	1 mM MgCl$_2$
	5 mM HEPES, pH 7,4
High Kalium Lösung	2 mM NaCl
	96 mM KCl
	1 mM CaCl$_2$
	1 mM MgCl$_2$
	5 mM HEPES, pH 7,4

Tabelle 18: Präparation der Membranfraktion von *X.leavis* Oozyten

Bezeichnung	Inhaltsstoffe
Puffer A	10 mM HEPES, pH 7,9
	1 mM MgCl$_2$
	83 mM NaCl
	0,5 mM PMSF
	6 mg/ml Leupeptin

	8,1 mg/ml Aprotinin
	8,1 mg/ml Pepstatin

Tabelle 19: Präparation der Membranfraktion von HEK-293 Zellen

Bezeichnung	Inhaltsstoffe
Homogenisationspuffer	50 mM Tris pH 7,5
	150 mM NaCl
	5 mM EGTA
	2 µg/ml Aprotenin
	1 µg/ml Pepstatin
	1µg/ml Leupeptin
PBS (10x)	1 % Triton X-100
	ad 10 ml ddH$_2$O
	91 mM Na$_2$HPO$_4$
	17 mM NaH$_2$PO$_4$
	1,5 M NaCl
	ad 1l ddH$_2$O

Tabelle 20: Lösung für elektrophysiologische Messungen an HEK-293-Zellen

Bezeichnung	Inhaltsstoffe
Badlösung (pH 7.4)	125 mM NaCl
	5 mM KCL
	1 mM MgCl$_2$ x 6 H$_2$O
	2 mM CaCl$_2$ x 2 H$_2$O
	10 mM C$_6$H$_{12}$O$_6$ x H$_2$O
	25 mM Pipes
	25 mM Hepes

14 Ehrenwörtliche Erklärung

Pipettenlösung (pH 7,24)	*5 mM NaCl*
	140 mM KCl
	2 mM MgCl2
	10 mM Hepes
	2 mM ATP
	0,08 mM EGTA

Die VDM Verlagsservicegesellschaft sucht für wissenschaftliche Verlage abgeschlossene und herausragende

Dissertationen, Habilitationen, Diplomarbeiten, Master Theses, Magisterarbeiten usw.

für die kostenlose Publikation als Fachbuch.

Sie verfügen über eine Arbeit, die hohen inhaltlichen und formalen Ansprüchen genügt, und haben Interesse an einer honorarvergüteten Publikation?

Dann senden Sie bitte erste Informationen über sich und Ihre Arbeit per Email an *info@vdm-vsg.de*.

Sie erhalten kurzfristig unser Feedback!

VDM Verlagsservicegesellschaft mbH
Dudweiler Landstr. 99
D - 66123 Saarbrücken

Telefon +49 681 3720 174
Fax   +49 681 3720 1749

www.vdm-vsg.de

Die VDM Verlagsservicegesellschaft mbH vertritt

Printed by Books on Demand GmbH, Norderstedt / Germany